AF454723

BIBLIOTHÈQUE
RURALE
Instituée par le Gouvernement Belge.

LES FUMIERS COUVERTS
OU MÉTHODE
POUR TRAITER LES ENGRAIS DE FERME.
par
LE BARON E. PEERS.

BRUXELLES,
ÉMILE TARLIER, ÉDITEUR,
rue de la Montagne, 51.

1857

BIBLIOTHÈQUE RURALE. — 3ᵉ SÉRIE, Nᵒ 13.

# LES

# FUMIERS COUVERTS

## ET MÉTHODE

## POUR TRAITER LES ENGRAIS DE FERME.

BRUXELLES. — TYP. DE J. VANBUGGENHOUDT,
Rue de Schaerbeek, 12.

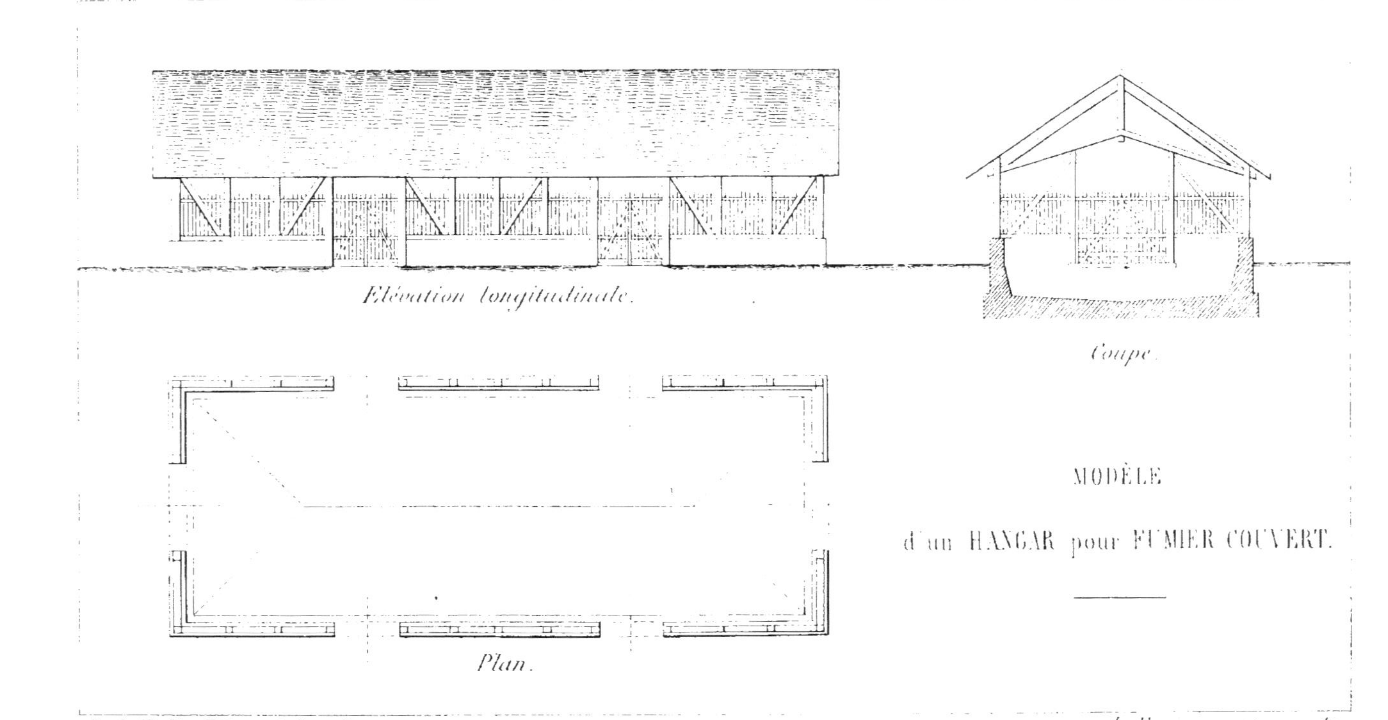




Le Fumier couvert, page 41

# LES
# FUMIERS COUVERTS

DE M. HIRSCH

## POUR TRAITER LES ENGRAIS DE FERME,

SUIVI

## D'UN COURT APERÇU SUR LE DÉVELOPPEMENT

## PAR LE BARON E. PEERS

Chevalier de l'ordre de Léopold, membre du Conseil supérieur
et de la Commission provinciale d'agriculture de la Flandre occidentale
inspecteur du haras de l'État, etc...
auteur de plusieurs mémoires couronnés.

## BRUXELLES,

A LA LIBRAIRIE AGRICOLE D'EMILE TARLIER,

RUE DE LA MONTAGNE, N° 41.

1857

# LES
# FUMIERS COUVERTS

OU MÉTHODE

## POUR TRAITER LES ENGRAIS DE FERME.

Il y a quelques mois à peine, tout le monde s'alarmait de la cherté des denrées alimentaires. C'était à qui jetterait les plus hauts cris contre un état anormal, d'autant plus déplorable pour les populations des villes, qu'il rompait l'équilibre entre les salaires actuels et les prix de la vie animale.

Tous les gouvernements, dans l'intérêt de leurs administrés, ont cherché à atténuer ce fâcheux état de choses en prenant des mesures législatives qui pussent porter remède à la misère publique qui tend à s'aggraver chaque jour.

On a tout essayé : le libre-échange, la prohibition ! Rien n'est venu amoindrir le mal ; rien ne l'a rendu plus supportable.

La France et la Belgique se sont renfermées dans un système de prohibition en quelque sorte absolu, qui a plutôt aggravé qu'amélioré leur position. L'Angleterre et la Hollande, mieux inspirées, ont laissé leurs frontières ouvertes à la sortie comme à l'entrée. Ces deux nations se sont très-bien trouvées de l'adoption de cette mesure; car nous avons vu que les mercuriales de ces pays ont constamment accusé des prix inférieurs à ceux de la France et de la Belgique.

Aujourd'hui que la tranquillité générale et le repos de l'Europe sont des faits accomplis, quelle que soit la législation qui régisse une nation sur ces matières, les transactions avec le dehors sont affranchies de toutes entraves, les arrivages nous viennent en abondance des pays de grande production, et tout tend, en un mot, à combler des déficit que des efforts, même surhumains, ne seraient jamais parvenus à niveler.

Nous nous applaudissons hautement, pour notre part, d'être sortis de cette situation calamiteuse, qui, par la force des circonstances, avait placé le producteur et le consommateur dans un état d'antagonisme tout à fait anormal.

Nous nous en applaudissons d'autant plus que la triste expérience que nous venons de faire contribuera puissamment, nous l'espérons, à accélérer la marche du progrès agricole. Car, s'il est difficile, nous ne nous faisons pas d'illusions sur ce point, de faire introduire, à l'aide d'une pratique nouvelle, des améliorations dans une branche essentielle de l'industrie d'un pays, alors qu'elle est florissante; si un *statu quo*, relativement prospère, fait naturellement obstacle à l'esprit d'innovation; quand viennent des circonstances malheureuses, il est facile de vaincre la routine et d'entrer dans la voie du progrès.

Avons-nous tort de penser ainsi?... Mais nous avons encore près de nous, sous nos yeux même, des preuves pour ainsi dire palpables qui viennent à l'appui de notre opinion.

Tant que l'industrie linière, en Belgique, exerça sur l'Europe entière un monopole que nulle nation ne semblait devoir jamais lui ravir, toutes les manipulations relatives à la fabrication des fils et des toiles se faisaient au sein de la famille, à l'ombre d'une modeste chaumière et avec des outils véritablement primitifs. Un rouet et un métier, la plupart du temps confectionnés par le chef de famille, composaient, à eux seuls, tous les ustensiles de cette importante fabrication. Mais, lorsque cette industrie séculaire, où le prolétaire flamand avait, pendant longtemps, trouvé une existence heureuse et honorable, vint à s'expatrier et à s'établir successivement et petit à petit au foyer d'autres nations, jalouses d'introduire chez elles la culture du lin et la fabrication d'une matière qui avait contribué si efficacement à la prospérité publique de notre beau pays, la dépréciation, conséquence inévitable de la concurrence et d'une production plus

considérable, vint toucher au vif et frapper dou-
loureusement nos populations, dont le système de
fabrication, transmis continuellement par voie tra-
ditionnelle, était impuissant à donner une impulsion progressive à leur travail.

Nous avons été les témoins oculaires de toutes
les péripéties de ce drame lugubre, qui vint arracher
à nos populations rurales, véritables martyrs des
innovations industrielles, le dernier morceau de
pain qui leur restait.

Avant d'être régénérée par la science, combien
cette industrie, ainsi frappée au cœur, ne fit-elle
pas de victimes? Mais de cet excès de mal est sorti
le bien, en ce sens que la nécessité d'entrer dans
la voie des innovations et du progrès s'est fait sentir, et qu'aujourd'hui, chez nous, l'industrie linière,
transformée, s'est complétement relevée de ses cendres, et qu'elle marche la tête haute et l'égale de
celle des autres nations.

Nous terminerons cet aperçu par un exemple si-
gnificatif et non moins concluant, qui convaincra le
lecteur de l'importance qu'il y a, pour une industrie
quelconque, et surtout pour l'industrie agricole,
de prendre opportunément certaines mesures, de
manière à pouvoir parer à toutes les éventualités.

Frappé de l'injuste inégalité qui régnait entre
les prix de toutes les denrées alimentaires du continent et ceux des îles Britanniques, l'illustre
Robert Peel présenta au parlement anglais et lui
fit adopter une loi qui devait infailliblement porter

un coup mortel à l'agriculture de ce pays, protégée outre mesure jusqu'alors. Il proclama l'abolition de tous droits à l'entrée des céréales. On peut juger quelle fut la perturbation que produisit cette loi parmi les cultivateurs anglais habitués à jouir, à l'abri d'un tarif quasi prohibitif, d'une protection qui allait leur échapper à tout jamais. Mais il fallut bien se résigner et vendre les denrées alimentaires aux prix des marchés du continent, car le nivellement s'était, en quelque sorte, fait instantanément. Ce coup fatal, mais nécessaire, porté par le gouvernement britannique à l'agriculture anglaise pour donner aux consommateurs une preuve évidente de bon vouloir, la jeta dans une situation telle qu'il s'ensuivit de nombreuses ruines.

On reconnut alors qu'il y avait nécessité absolue de faire entrer l'économie rurale dans une voie toute nouvelle, en employant tous les moyens possibles pour compenser l'infériorité des prix par des rendements plus élevés, et pour arriver insensiblement à la culture intensive. Mais là gisait toute la difficulté; des demi-mesures, devant une telle position, ne pouvaient atteindre le but.

Pour sauvegarder les intérêts agricoles, si gravement compromis, on comprit donc qu'il fallait que les trois royaumes unis fussent appelés à participer à la répartition d'un crédit qui serait ouvert à cet effet.

Le drainage était là pour satisfaire à toutes les exigences, étouffer la voix de tous les mécontents: en un mot, cette panacée était là pour tout concilier.

Le parlement vota plusieurs millions qui durent
être répartis, à titre de prêt, entre les propriétaires
de la Grande-Bretagne, dans le but de populariser
le drainage. Cette sage mesure produisit les plus
heureux résultats. La somme votée reçut sa destination entière; l'Angleterre, l'Écosse et l'Irlande
se mirent à l'envi à drainer leurs terres humides,
et cette opération eut pour effet immédiat un rendement plus élevé.

Hier encore, l'édit de Robert Peel pouvait porter les plus graves atteintes à l'agriculture anglaise,
qui, depuis de nombreuses années, avait abrité son
industrie sous un régime de protection factice;
aujourd'hui, couverte contre toutes les éventualités, elle peut soutenir la libre concurrence vis-à-
vis des nations les plus favorisées, car le producteur
anglais a retrouvé, dans le drainage, ce que Robert
Peel lui avait enlevé par la libre entrée. Il y a
diminution dans les prix, mais il y a augmentation
dans le rendement.

C'est ainsi qu'il faut procéder en pareille circonstance. Aussi, le cas échéant, sachons imiter
cet exemple de l'Angleterre, que la France a déjà
suivi; sachons nous prémunir contre le flux et le
reflux, si mobile, du prix des céréales; faisons
aussi de la culture intensive. Ne perdons pas les
leçons que l'expérience nous donne, et dirigeons
constamment nos efforts vers une production plus
forte que celle que la statistique de notre pays nous
révèle.

Quel que soit le cours des céréales, il ne devrait jamais inquiéter sérieusement le cultivateur ; pour lutter contre l'avilissement éventuel des prix, il n'a qu'à chercher un rendement plus grand que celui qu'il obtient aujourd'hui ; et, en agissant ainsi, il sera constamment à l'abri de ces fluctuations périodiques qui mettent, chaque fois qu'elles se produisent, l'existence de son industrie en question.

Et que l'on ne vienne pas nous dire que la production agricole est circonscrite dans des limites qu'il n'est pas possible de dépasser.

C'est là une grave erreur qu'il serait très-dangereux de laisser propager.

La puissance de la nature est immense, et il n'est pas donné à l'homme d'en fixer les bornes. Sur ce point j'en appelle à l'autorité et à l'expérience bien reconnues de l'un des agronomes les plus distingués de la France, M. Auguste de Gasparin, qui vient encore récemment de nous faire connaitre combien la nature est libérale lorsqu'on la traite elle-même libéralement. Ce savant agronome a récolté 275,000 kilogrammes de betteraves par hectare ; et un simple laboureur de Pontlevoy (Loir-et-Cher), M. Duchambon, de Mesilliac, a obtenu un rendement de 52 hectolitres de froment par hectare.

Nous savons que de semblables résultats ne s'obtiennent pas par la culture ordinaire ; toutefois, les betteraves, au prix de 20 francs par 1,000 kilog., rapportant 5,500 francs, et le froment, à 16 fr. l'hectolitre, donnant 832 francs, présentent un rendement autrement favorable que celui de 18 hectolitres de blé par hectare au prix de 25 francs, car on n'atteint alors qu'un chiffre de 450 francs.

Admettons que le cultivateur, en temps de cherté, ne déploie pas toute son activité et son énergie pour arriver au rendement le plus élevé de sa production, parce qu'il est assuré de trouver dans la vente un prix suffisamment rémunérateur de ses avances et de son travail. Le raisonnement qu'il fait, en cette circonstance, n'en est pas moins absurde ; car, lorsque viendra la baisse, ses intérêts seront tout à coup compromis et, se décidât-il alors à rompre avec le vieux préjugé qui lui fait croire qu'au delà d'un certain rendement, la terre ne peut lui donner davantage, il ne pourra vaincre, à l'heure même, les obstacles qu'il rencontrera devant lui.

Il y aura, pendant longtemps encore, de grandes difficultés, nous ne voulons pas le dissimuler, à la mise en pratique d'une idée qui couve, mais qui n'est encore qu'à l'état d'embryon. Mais, lorsque nous aurons été assez heureux pour la faire entrer dans les habitudes de nos fermiers, nous pourrons dire avec bonheur que quelles que soient les éventualités, ils n'auront jamais rien à en redouter dans l'avenir.

Voyons ce que fait généralement aujourd'hui le cultivateur qui exploite un domaine grand ou petit. Il tient avant tout à emblaver les terres arables sans rien en excepter; il ne consulte que le nombre d'attelages dont il peut disposer. Ses fumiers sont pour lui des moyens très-secondaires; ils l'inquiètent peu, et ils les répartit au marc le franc sur ses terres. S'il en a beaucoup, il est libéral; s'il en a peu, il est avare, s'en remettant à peu près, comme on le voit, à la chance et au hasard.

Il faut, on en conviendra, pour faire réussir des récoltes ainsi confiées à la terre, un grand concours de circonstances favorables. Aussi voyons-nous souvent tout l'avenir du cultivateur compromis par suite des plus légères atteintes portées à ses emblavures. Elles ne résistent à aucune de ces nombreuses influences atmosphériques, si communes d'ailleurs, parce qu'il se renferme sans cesse dans des limites trop étroites et exclusives d'une bonne culture.

Il s'agirait donc de lui faire comprendre qu'au lieu d'emblaver dix hectares, auxquels il ne peut donner tous les soins et les engrais nécessaires, il ferait infiniment mieux d'enterrer sur quatre hectares seulement le fumier qu'il a éparpillé sur les dix.

Ces quatre hectares, ainsi traités, lui procureraient aisément 180 hectolitres de froment, tandis qu'il obtiendra à peine la même quantité sur les dix cultivés d'après ses anciennes habitudes. Indépendamment de cet avantage, il économisera le prix du labour, de la graine et du sarclage sur six hectares ; en un mot, tout en concentrant son travail et ses soins sur une étendue beaucoup moindre de terrain, il se trouvera en face d'une économie dont le bénéfice ne peut pas être évalué à moins de 300 francs.

On nous parle sans cesse des progrès qui peuvent encore être réalisés en agriculture ! Qu'on préconise celui-là, et que la pratique suive immédiatement la théorie. C'est là le véritable progrès agricole qu'il faut tenter ; il est bien facile à réaliser, et il a une portée dont le résultat est incalculable.

Obtenir de quatre hectares le même rendement qu'on obtient aujourd'hui de dix, n'est-ce point un pas immense, qui mettrait les populations à l'abri de tous besoins, s'il était pratiqué généralement ?

Mais comment le pratiquer généralement, nous dira-t-on ? les engrais suffisent à peine pour emblaver les terres de nos exploitations, et on voudrait que nous en augmentassions l'emploi de deux tiers environ ! Nous répondrons à cette objection : Nourrissez plus de bétail, vous aurez plus d'engrais et vous récolterez plus de fourrages ; tout cela n'est qu'une question de bon vouloir et surtout d'entente des véritables intérêts du cultivateur.

Dans les habitudes actuelles de l'agriculture, il faut déplorer l'importance que l'on attache généralement à entreprendre l'exploitation de grands domaines sans posséder les moyens et les connaissances de les cultiver convenablement.

En définitive, pourquoi la terre nous a-t-elle été

donnée, si ce n'est pour en retirer la plus grande
quantité de produits possible? pourquoi alors ne
pas doubler les engrais et les efforts, afin de
récolter sur un hectare ce qu'on récolte communé-
ment sur deux et trois?

Pourquoi?... C'est parce qu'il y a là une question d'amour-propre, pas autre chose. Ainsi le fermier ne croit devoir son importance, sa position
sociale même, qu'au nombre d'hectares qu'il
exploite.

Tel est encore à présent le sot et ridicule préjugé qui domine dans les campagnes.

Aussi avons-nous eu souvent occasion de voir que
plus l'étendue d'une exploitation rurale était grande,
plus son système de culture laissait à désirer, et cela
se conçoit : dans la grande culture, tous les travaux
se font à la hâte, on passe légèrement sur ce qu'on
veut bien appeler des détails ou des minuties, qui
n'échappent pas à la petite culture, et dont celle-ci
fait son profit. La grande culture, nous le savons,
n'admettra pas de longtemps le rendement de
275,000 kilogrammes de betteraves ou de 52 hectolitres de froment par hectare. La petite culture,
elle, l'admettra parfaitement et fera tous ses
efforts pour l'obtenir dans le plus bref délai; et
cependant, toutes les deux, l'une comme l'autre,
ne sont-elles pas intéressées à l'adoption de ce
système ?

Quoi qu'il en soit il n'y a pas lieu de déses-
pérer de l'avenir. La génération qui nous suit

va se trouver placée dans une position admirable. En même temps qu'elle pourra conserver tout ce qu'il y a de bon dans le système de culture de nos ancètres, elle puisera dans la science, appliquée à l'enseignement agricole moderne, des méthodes nouvelles, et elle les introduira sagement dans sa pratique.

C'est dans ce but, et dans la conviction que nous pouvons être utile à nos concitoyens, que nous faisons suivre ces lignes de quelques réflexions sur les engrais pailleux ou de ferme, et sur les méthodes les plus rationnelles pour en tirer le meilleur parti possible.

Il est aujourd'hui un fait incontesté et incontestable, c'est que, de tous les engrais connus, il n'en est pas un seul qui puisse rendre des services plus directs et plus positifs à l'agriculture que les engrais pailleux ou de ferme. On aura beau s'évertuer à trouver des substances propres à remplacer ces matières fertilisantes, ce ne seront jamais que des succédanés très-imparfaits, et on tentera inutilement de les substituer victorieusement à cette panacée des cultivateurs.

Tout ce que le commerce, l'industrie, les arts et les sciences ont trouvé et enfanté pour activer la végétation des plantes, n'est qu'un palliatif bien faible en comparaison des stimulants énergiques que renferment les engrais d'étable. Nous ne contestons point cependant que, dans l'état actuel où se trouve l'agriculture, qui a encore

de si grands progrès à faire, d'énormes quantités
de terre demeureraient incultes, si on ne pouvait
pas recourir aux amendements, aux stimulants,
voire même aux excitants que le commerce offre
incessamment à l'industrie agricole. Nous irons
même plus loin, et nous dirons que nous devons
nous estimer heureux, en présence de l'insuffisance
des engrais d'étable, de pouvoir disposer à prix
d'argent d'une foule de matières douées plus ou
moins des qualités indispensables nécessaires pour
pousser les plantes vers leur état de conformation
ordinaire.

Dans la situation actuelle, nous envisageons
donc comme un véritable bonheur de pouvoir
recourir à ce mode de fumure, afin d'obvier à cette
insuffisance des engrais pailleux, qui, chaque
année, se fait très-lourdement sentir dans presque
toutes les exploitations rurales. Et nous aurions
tort de penser autrement; car, si nous élevons la
voix aujourd'hui encore contre les nombreux cultivateurs qui ne produisent pas assez, que de griefs
plus fondés n'aurions-nous pas à articuler contre
eux, si, le pouvant, ils négligeaient de se procurer,
dans les localités avoisinant leur exploitation, les
amendements ou les stimulants supplémentaires,
sans lesquels ils récolteraient moins encore.

Ainsi, nous savons gré au commerce et à l'industrie des moyens qu'ils nous mettent en main
pour subvenir, dans de larges proportions, au déficit annuel des engrais d'étable. Mais est-ce à dire

pour cela que nous ne devions pas déployer toute notre force d'action pour atteindre des résultats moins chanceux, plus sûrs et surtout plus brillants? Est-ce à dire que nous n'ayons pas à concentrer tous nos efforts pour détruire des habitudes mauvaises, ou des préjugés qui se sont transmis de père en fils?

Dans l'état actuel de l'agriculture, le fermier est convenablement rémunéré de ses peines et de ses avances; nous le disons parce qu'il faut, avant tout, être juste et impartial. Oui, l'homme des champs peut aujourd'hui, avec des soins et de l'intelligence, réaliser d'honnêtes bénéfices. Mais ce n'est point une raison pour qu'il travaille au jour le jour, ainsi qu'il le fait, sans s'inquiéter du lendemain. Nous voudrions qu'il se préoccupât davantage des éventualités qui peuvent l'atteindre; nous voudrions qu'au milieu même de sa prospérité, toute relative, il songeât à des améliorations aussi essentielles et aussi indispensables que nous appelons de tous nos vœux, et qui contribueraient si efficacement à doubler, sinon à tripler, ses produits, et à répandre dans un cercle plus large l'aisance dont quelques-uns jouissent.

Ces améliorations dont nous voulons parler, sont celles surtout qui tendent à détruire des préjugés, qui sont enracinés si profondément, qu'on serait presque tenté de crier au miracle, si on les voyait disparaître.

Ainsi, dans chaque exploitation rurale, grande

ou petite, il y a toujours un énorme déficit d'engrais pailleux ; c'est là une vérité que nul cultivateur ne cherchera à nier. Eh bien ! demandez-en la raison, et on vous répondra généralement qu'il en a été de tous temps ainsi, et qu'il n'y a aucun remède à ce mal.

Évidemment, il n'y a pas de remède à un mal, lorsqu'on s'obstine à ne pas vouloir mettre le doigt sur la plaie, la cicatriser et la guérir radicalement.

Il y a cependant un remède à cette insuffisance des engrais pailleux, et les difficultés qu'elle présente peuvent être facilement vaincues. Que l'on abandonne la routine, que l'on sorte de la vieille ornière, et on aura bientôt raison d'un préjugé qui, à l'heure qu'il est, devrait être depuis longtemps détruit.

En règle générale, c'est triste à dire, partout le nombre des bêtes est infiniment au-dessous des besoins. Dans une exploitation de 7 à 8 hectares, il est rare de trouver plus de deux ou trois vaches : une ferme de 40 à 50 hectares ne nourrit pas au delà de vingt têtes de bétail.

Peut-on, nous le demandons, exploiter rationnellement dans ces conditions cette étendue de terrain, sans se trouver, chaque année, en présence d'un énorme manque d'engrais, qu'il faut aller chercher au loin à grand prix d'argent, ce qui, naturellement, réduit dans de fortes proportions les bénéfices à réaliser ?

Ce vice, nous devons le dire, tient à des causes diverses. Interrogez les cultivateurs qui suivent ces errements déplorables : les uns vous répondront que ce sont d'anciennes habitudes transmises de père en fils, et qu'ils ne voient rien de mieux ; les autres prétendront que leurs terres n'ont jamais nourri un plus grand nombre d'animaux, ou que leurs étables, peu spacieuses, ne peuvent pas renfermer une bête de plus ; aucun, en un mot, ne trouvera de raisons solides à vous donner pour appuyer sa manière de faire.

Des raisonnements semblables, tout pitoyables qu'ils soient, ne sont pas moins un obstacle au véritable progrès ; et ce qu'il y a de plus triste, c'est que le cultivateur, en particulier, et le consommateur, en général, en sont les victimes.

Cependant, en présence des besoins toujours croissants de nos populations, n'est-il pas évident qu'il n'est plus possible de suivre les vieux errements de nos pères ? Ne sommes-nous pas tenus, puisque cela est possible, de faire mieux qu'eux et de produire au moins le double sur une même étendue de terrain ? Il n'est pas besoin de palais pour abriter le bétail contre les intempéries de la mauvaise saison, qui, du reste, n'est que momentanée ; si donc les étables ne sont pas assez vastes, que l'on construise des hangars.

On n'accusera certes pas nos voisins d'outre-Manche de ne pas savoir élever convenablement leurs animaux domestiques ; eh bien ! prenons exemple sur ce qu'ils ont pratiqué de tout temps à cet égard.

Le bétail en Angleterre passe généralement l'hiver sur le fumier, qui est toujours à ciel ouvert. Si on lui ménage un abri, il consiste simplement en une toiture, étayée sur quelques piliers en maçonnerie, sous laquelle il se retire, soit pendant la nuit, soit pendant les temps de pluie. Les étables destinées aux vaches laitières ne sont guère plus confortables; ce sont aussi des espèces de hangars, murés de trois côtés et à claire-voie par derrière.

Il n'est pas, que nous sachions, un seul pays sur le continent européen qui se préoccupe moins que l'Angleterre des abris de ses animaux domestiques. Ses moutons, à quelque race qu'ils appartiennent, accomplissent toutes les périodes de leur courte existence, sans jamais avoir eu d'autre habitation que la prairie. Les bêtes à cornes, comme nous venons de le dire, ne sont pas mieux traitées. Les chevaux eux-mêmes, qui sont cependant l'objet constant des soins les plus empressés de cette nation, la première du monde pour l'élève des animaux, ne sont pas mieux abrités pendant les trois premières années qui suivent leur naissance. Elle envisage la méthode de traiter les quadrupèdes à l'instar des plantes de serre chaude, comme entièrement contraire aux règles les plus élémentaires d'une bonne hygiène, et incapable de leur donner ce caractère de rusticité si nécessaire aux animaux domestiques. Mais si, d'un côté, les cultivateurs anglais abandonnent presque entièrement aux influences atmosphériques le soin de façonner leur bétail, d'un autre côté, ils comprennent admirablement que sa prospérité tient à la nourriture abondante et substantielle qu'ils doivent lui donner. Toute la question réside dans ce problème qu'ils ont résolu d'une manière tellement avantageuse, qu'ils réalisent plus de bénéfices en deux ans, que nous n'en réalisons en trois. Cette nourriture est appropriée aux besoins de chaque espèce, et elle favorise d'une manière extraordinaire le développement du sujet qui y est soumis. C'est au point qu'il acquiert toute sa croissance dès la première année, et que, à dix-huit mois ou deux ans, au plus tard, il peut être livré à la boucherie.

A cette époque de sa vie, il a rendu des services plus réels à son maître que nos animaux ne nous en rendent à un âge beaucoup plus avancé; il lui a payé avec usure le capital avancé et les intérêts; et, chose essentielle, que nous ne pouvons passer sous silence, il lui a donné un engrais excellent pendant toute la durée de cette alimentation rationnelle.

Si nous agissions comme le fermier de la Grande-Bretagne, nous arriverions incontestablement aux mêmes résultats. A l'âge de deux ans nos animaux de vente, aussi bien que ceux de boucherie, auraient atteint tout leur développement; ils seraient, enfin, propres à tous usages, et, pendant ce court espace de temps, ils auraient puissamment contribué à fertiliser la terre du cultivateur par des engrais abondants et de première qualité.

Malheureusement il n'en est pas encore ainsi dans nos exploitations rurales ; et cette question, si essentielle à la prospérité générale du pays, comme aux intérêts particuliers de l'agriculture, reste encore incomprise. Nos fermiers ne peuvent se résoudre à aucune avance pour donner à leur jeune bétail ce développement précoce, qu'ils considèrent comme inutile. Aussi, qu'arrive-t-il par suite de cette ridicule parcimonie qu'ils apportent dans l'alimentation de leurs troupeaux ? C'est qu'avant d'arriver à l'âge de trois ans, un certain nombre de jeunes animaux, rencontrant à chaque instant sous leurs pas de nombreux accidents, succombent, et que les autres restent maigres, chétifs, et rabougris.

Soumis ainsi à des jeûnes forcés, ou réduits comme ils le sont à un régime alimentaire où les substances alibiles ne sont pas en rapport avec le renouvellement incessant des forces qu'ils doivent prendre dans le jeune âge, leur économie animale s'en ressent pendant toute leur existence.

Indépendamment de la perte qui résulte de cette abstinence si préjudiciable à laquelle ils soumettent leurs troupeaux dès leur naissance, nos cultivateurs oublient l'objet le plus indispensable de leur industrie. Ils n'ignorent certes pas que plus on sustente les animaux, plus ils produisent de l'engrais, et du bon engrais ; ils doivent donc comprendre aussi qu'en les nourrissant imparfaitement, le fumier fera défaut. Ils savent, tout aussi bien que nous, que rien ne peut remplacer le bétail dans une exploitation rurale bien organisée. Vouloir le supprimer, ce serait chercher l'impossible, car il est l'agent le plus actif et le plus immédiat de la prospérité de l'agriculture, voire même de son existence.

C'est donc l'animal domestique qui, dans la ferme, doit être l'objet constant des soins et de toutes les préoccupations du cultivateur, car c'est par lui qu'une entreprise agricole devient bonne ou mauvaise. Il est la clef de voûte de l'édifice, la pierre fondamentale sur laquelle tout s'élève. Si on le néglige, tout est compromis ; s'il vient à manquer, tout manque avec lui. Aussi faut-il qu'une main intelligente et soigneuse veille sans cesse sur lui et pourvoie à tous ses besoins ; alors, mais alors seulement, quelle que soit la destination qu'on lui réserve, il rendra avec usure les avances qu'on a faites pour lui.

Nous posons donc en fait que c'est, pour le fermier, un calcul erroné au dernier point de ne pas nourrir convenablement ses troupeaux. Le jeûne forcé, ou l'abstinence à l'état permanent, étiole l'animal et favorise chez lui le développement d'une foule de maladies ; son rendement est nul, et l'engrais qu'il fournit est sans valeur.

Le cultivateur, qui comprend toute l'importance d'une bonne alimentation pour son bétail, est tout à fait dans la voie de ses propres intérêts. Il comprend avec raison que ses animaux d'étable s'identifient en quelque sorte à sa propre existence, et que sans eux il serait complétement impuissant. Comment ferait-il, en effet, s'il se privait volontairement de ce principal producteur d'engrais, auquel il doit ses plus belles récoltes?

Pour arriver à produire 25 hectolitres de blé et 75,000 kilogrammes de betteraves par hectare, il se gardera bien d'aller frapper à la porte du fabricant d'engrais artificiel; il préférera s'adresser directement à la source naturelle et intarissable d'engrais qu'il trouve sous sa main, et qui lui rend d'autant plus qu'il lui fait plus d'avances.

Mais nous voici bien loin de l'objet essentiel de la digression que nous avons faite; aussi demanderons-nous pardon au lecteur de l'avoir tenu trop longtemps sur un sujet qui peut lui sembler dépasser les limites du cadre que nous nous sommes tracé.

Toutefois, nous dirons que nous ne croyons pas avoir perdu notre temps en cherchant à faire comprendre au cultivateur que, dans un grand nombre d'exploitations, il y a encore bien des préjugés à vaincre, préjugés qui tiennent en arrêt forcé les progrès les plus élémentaires.

Nos besoins, toujours croissants, demandent à l'agriculture de grandes améliorations dans sa pratique. Elles pourront se réaliser évidemment; mais combien d'entraves ne rencontrera-t-on pas avant d'arriver à cette réalisation, tant qu'on rencontrera devant soi l'ignorance obstinée des uns et la mauvaise volonté des autres.

Ce n'est que par la persuasion, et surtout par l'exemple des bons résultats obtenus, que nous pouvons espérer arriver à triompher de ces obstacles et à faire quelque bien; car, nous l'avons souvent remarqué, en agriculture, les paroles ont peu de poids, les faits seuls sont puissants et peuvent faire des prosélytes. Pour aspirer à l'honneur de trouver des imitateurs, il faut avoir obtenu des résultats positifs, incontestables. C'est à ce prix que le progrès peut suivre sa voie.

Mais revenons à la question principale que nous voulons traiter.

Généralement, les cultivateurs admettent que les engrais d'étable sont ceux qui procurent à la terre l'alimentation la plus favorable pour imprimer à la plante qui s'en nourrit une bonne végétation. Cependant cette règle, qui ne devrait pas rencontrer un seul contradicteur, trouve encore des adversaires. Ainsi, de ce que l'usage des engrais pailleux ne leur donne pas des résultats satisfaisants dans certaines circonstances, ils les accusent et ils donnent la préférence à des moyens de fertilisation plus immédiats. La chose s'explique pourtant très-bien d'elle-même; et, si ces adversaires peu éclairés voulaient se donner la peine d'examiner la question et de l'approfondir sérieusement, ils reconnaîtraient bientôt qu'ils sont complétement dans l'erreur en condamnant ainsi la matière fertilisante la plus précieuse qu'ils puissent se procurer, et qu'ils trouvent sous leur main, dans de grandes proportions et sans surcroît de peine, dans leur exploitation même.

Les fumiers d'étable nouveaux ou frais conviennent essentiellement et par-dessus tout aux terres fortes, argileuses et compactes; ils sont plus préjudiciables qu'avantageux aux terres légères.

Les terres fortes ont besoin de ces engrais, dits longs, parce qu'ils favorisent avant tout la perméabilité, si indispensable aux agents atmosphériques.

Les terres sablonneuses et siliceuses, au contraire, de leur essence très-légères et sans consistance, s'accommodent très-mal des engrais frais, enfouis à l'état long. Ils y sont très-nuisibles et de nature à faire avorter les récoltes. Cela s'explique, du reste, facilement.

Lorsqu'on enterre, dans une terre légère, du fumier qui n'a subi qu'un commencement de fermentation, il devient spongieux et élastique, et, par conséquent, il se prête très-imparfaitement à la pression. Quoi qu'on fasse, il soulève le poids de la terre que la charrue a jetée sur lui, aucun instrument n'est assez puissant pour le tasser suffisamment; et, son ameublissement est tel, que cette terre, qu'on a cru rendre fertile en la fumant convenablement, n'est pas même capable, pendant toute une année, de donner le quart de son produit probable, car, le plus souvent, les graines qu'on lui confie ne lèvent pas, ou bien, si elles parviennent à sortir de terre, elles n'engendrent que des plantes qui s'étiolent et qui meurent aussitôt, parce que leurs radicules ne trouvent pas de point d'adhésion dans la terre.

Ce sont là des expériences que nous avons renouvelées vingt fois sans pouvoir réussir, bien que nous les ayons faites, tantôt à l'automne, tantôt au printemps.

Lorsqu'on sème en automne, sur un fumier long, après avoir rempli toutes les conditions qui font la bonne culture, on tasse, on roule, on plombe la terre; sa superficie produit alors à l'œil l'effet d'un sol propre par excellence à une bonne végétation. Mais, lorsqu'on vient à examiner avec attention ce plombage, on s'aperçoit bientôt qu'il ne dépasse pas la profondeur de trois centimètres. Néanmoins le grain germe, il lève et pousse ses premières racines; puis, lorsqu'elles atteignent quelques centimètres de longueur, elles ne trouvent plus que des espaces vides où l'eau séjourne pendant tout l'hiver, et, lorsque arrive le printemps, on est tout étonné de voir des récoltes entières disparaître aux premiers rayons du soleil.

Si l'on procède, dans les mêmes conditions de terrain, avec du fumier long, au printemps, on trouve d'autres inconvénients, d'autres mécomptes: ce sont alors les vents arides, les sécheresses et les rayons solaires qui pénètrent au fond de ces terres ameublies outre mesure, et qui détruisent en quelques jours tout l'espoir du cultivateur imprudent ou peu éclairé.

On voit donc que les engrais nouveaux, confiés à la terre dans de semblables conditions, non-seulement perdent leurs qualités fertilisantes, mais deviennent même nuisibles.

Aussi ne doit-on négliger ni les bons conseils, ni les exemples que nous fournit l'expérience, pour faire disparaître insensiblement cette méthode vicieuse, encore trop usitée de nos jours. Et on y arrivera facilement, nous l'espérons, car on peut la remplacer par un mode d'opérations qui, loin d'altérer ou de diminuer la masse des engrais, leur donne au contraire une puissance toute nouvelle et plus grande, et augmente sensiblement leur volume. Les moyens ne manquent pas, et ils sont à la portée de tout le monde. Il est donc peu rationnel de s'imaginer que l'engrais d'étable, composé de paille et de déjections animales, puisse au bout de quelques jours opérer des prodiges sur la végétation, alors que ni la fermentation, ni la décomposition, n'ont encore exercé aucune action sur lui.

Enfoui en terre, ce n'est qu'après deux mois que l'engrais d'étable peut réellement produire ses effets fertilisants. Pour le faire passer par toutes les phases qui constituent sa puissance, pour en tirer immédiatement tous les services qu'il peut rendre à l'agriculture, il faut recourir à une main-d'œuvre spéciale. Ces phases, nous le reconnaissons, sont nombreuses ; mais on est largement payé du travail et des avances qu'elles exigent, par la compensation qu'on retrouve dans la qualité et dans la quantité de l'engrais.

Nous considérons donc comme très-vicieuse l'habitude qu'ont beaucoup de cultivateurs d'enterrer leur fumier frais, au fur et à mesure qu'il sort de leurs étables, dans le but de fertiliser immédiatement leurs terres et d'obtenir ainsi de belles récoltes. Et, bien que cette méthode soit pratiquée généralement, nous ne la regardons pas moins comme contraire aux règles les plus élémentaires d'une bonne culture.

Lorsqu'on ne veut pas se donner la peine de faire des composts ou terreaux, à l'aide de tout ce qui entre dans la composition de l'humus, on peut, avec beaucoup de succès, enfouir avant l'hiver les engrais frais d'étable, dans la terre qu'on se propose d'emblaver au printemps suivant. Ces engrais longs se désagrégent alors lentement, et communiquent toutes leurs parties fertilisantes au sol ; et, quelque temps avant les semailles, en donnant un coup de herse et de charrue, la terre, ameublie et bien fumée, se trouve dans un état très-convenable pour produire tout ce qu'on veut lui confier. Dans maintes circonstances, nous avons suivi ce système qui, toujours, a répondu à notre attente. Nous avons eu même occasion de remarquer que les terrains destinés aux betteraves et aux carottes s'accommodaient généralement beaucoup mieux de la fumure faite, avant l'hiver, avec l'engrais frais qu'avec celle pratiquée, au printemps, avec des composts réduits à l'état de terreau.

La pratique a constaté également qu'en fumant, avant l'hiver, les champs destinés à la plantation des pommes de terres, la maladie, si elle se présentait, perdait de son intensité, et était réduite à de très-faibles proportions.

Mais, comme il est impossible de mettre en état de culture, avant ou pendant l'hiver, toutes les terres d'une exploitation pour les emblavures du printemps, il faut nécessairement avoir recours à tous les moyens dont on peut disposer pour avoir sous la main, à la belle saison, des engrais d'une utilité immédiate. Voici comment nous procédons, depuis un grand nombre d'années, à la composition de ces fumiers, qui n'ont jamais cessé, dans nos terres schisteuses ou légères, de nous donner de bonnes récoltes de céréales et de racines.

A leur sortie des étables, les fumiers sont déposés sous des hangars couverts et fermés à claire-voie, où le vent, la pluie et le soleil n'ont aucun accès. Pour empêcher l'infiltration des eaux, le sol en est pavé, et les parois sont élevés en maçonnerie. On construit ces hangars dans des dimensions proportionnelles aux têtes de bétail qu'on possède et à la quantité de fumier qu'on peut faire en quatre ou cinq mois. La forme la plus convenable et la plus commode qu'on puisse leur donner, est le carré long ou parallélogramme. On a soin d'y pratiquer, dans le sens de la longueur, deux portes placées en face l'une de l'autre, et suffisamment larges pour y introduire les voitures, les y charger et les faire sortir sans encombre et sans difficulté.

Pour éviter un trop grand développement de surface, on creuse le sol de 75 centimètres à 1 mètre 50 centimètres, selon la nature plus ou moins humide du terrain sur lequel on construit, et de manière à avoir une fosse maçonnée dont la profondeur varie de 1 mètre 80 centimètres à 2 mètres. Toutes les fois qu'on y dépose les engrais, on les égalise, afin que le hangar se remplisse d'une manière uniforme. Comme ces fumiers sont à l'abri de toute atteinte, on y enferme de jeunes animaux, tels que veaux, porcs et moutons, qui piétinent ces masses et les réduisent à l'état de pâte, sans qu'elles aient à subir ce degré de fermentation, si nuisible aux engrais lorsqu'ils sont atteints par la moisissure ou le blanc.

Dès que la fosse ou le hangar est rempli, on procède au transport, qui s'effectue dans un angle du champ auquel l'engrais est destiné; là, sans désemparer, on mélange toute la masse, soit avec de la terre, soit avec toute autre substance fertilisante dont on peut disposer, en superposant alternativement, par couches, l'engrais et la terre, à une hauteur d'environ deux mètres. Quinze jours ou trois semaines après cette première opération, suivant les circonstances atmosphériques et la saison, lorsque la fermentation a gagné tout cet ensemble, et avant surtout que, par suite de la chaleur, le blanc n'ait atteint le fumier, on déplace tout ce compost, en ayant bien soin d'en diviser les moindres particules.

Après cette manipulation, qui peut être considérée comme la dernière, le compost éprouve une nouvelle fermentation, et, au bout de dix ou douze jours, il est arrivé à un degré de décomposition suffisant pour qu'on puisse s'en servir immédiatement avec le plus grand succès. On ne trouve plus alors ces masses de paille longue, où souvent les déjections animales font défaut, qui sont difficiles à manier et qui présentent de non moins grandes difficultés lorsqu'il s'agit de les répartir dans des proportions égales sur la terre.

À la suite de ces opérations préliminaires si satisfaisantes, qui font sur ces matières l'effet d'une espèce de cuisson, si nous pouvons nous exprimer ainsi, les fumiers ainsi traités ont atteint le degré le plus élevé de vertu fertilisante ; réduits à l'état grossier de terreau, ils se sont assimilé tous les gaz les plus indispensables dont le concours combiné rend la volatilité plus lente au profit de la plante qui doit en recevoir sa nourriture et sa fructification.

Les fumiers nouveaux, déjà très-difficiles à diviser et à répartir dans de justes proportions, on le sait, rencontrent encore cet autre inconvénient, qui n'est pas moins préjudiciable pour le cultivateur qui en fait usage, c'est que leur enfouissement. avec quelque soin et quelque habileté qu'il soit effectué, laisse toujours certaines quantités sans couverture, c'est-à-dire qu'on voit sur les sillons des parties de fumier à découvert qui sont absorbées en pure perte par l'air.

L'engrais réduit, ne présente, au contraire, aucun de ces inconvénients. Sa distribution sur le sol dans de justes proportions, est une opération qui ne présente aucune difficulté et qui peut être exécutée très-facilement par des femmes et même par des enfants. On est assuré d'avance que toutes ses parties fertilisantes seront réparties également et que son enfouissement s'opérera aisément, à toutes les profondeurs, sans laisser la moindre trace de son passage momentané sur la surface du sol.

L'habitude d'enterrer le fumier frais, nous dira-t-on, est peut-être aussi ancienne que le monde. Nous ne le contestons pas, mais, parce qu'elle a passé à travers les âges et qu'elle s'est maintenue jusqu'aujourd'hui à l'état de routine, est-ce une raison pour vouloir y rester attaché?

La question de progrès doit-elle être dominée sans cesse par cet éternel adage : « De tout temps nos pères en ont agi ainsi, et ils s'en sont bien trouvés; pourquoi ne suivrions-nous pas leurs procédés? »

A côté de cette mauvaise raison, il en est peut-être une autre qui, en apparence, semble avoir plus de réalité. C'est celle qui se retranche derrière la dépense qu'entraine nécessairement la

main-d'œuvre. Elle n'est cependant pas plus con-
cluante que la première, et il est facile de la
repousser à l'aide de la comparaison et de quelques calculs bien simples.

Il est très-vrai qu'en prenant les fumiers au
dépôt même, pour les transporter directement sur
les champs auxquels ils sont destinés et les y enfouir immédiatement, on épargne la main-d'œuvre,
et on rend les frais moins lourds.

Il n'est pas moins vrai aussi que lorsqu'on se
décide à extraire les fumiers du dépôt, à les transporter une première fois sur un emplacement pro-
visoire, à les mélanger par couches alternatives
avec d'autres substances végétales, à les retourner,
à les diviser avec soin, puis, enfin, à les charger de
nouveau pour les transporter définitivement à pied
d'œuvre, ce sont là des opérations diverses et mul-
tiples qui réclament chacune des bras et des chevaux, et qui par conséquent entraînent certaines
dépenses derrière elles.

Ainsi, dans le premier cas, la main-d'œuvre et
le transport coûtent peu ; dans le second cas, la
dépense qu'ils occasionnent est plus forte. Mais
tout n'est pas dit : Voyons un peu si cette augmentation de dépense ne porte pas son correctif avec
elle, et si la plus value qu'obtient la substance
ainsi réduite et préparée n'est pas une compensation suffisante.

On évalue généralement à vingt-cinq le nombre
de voitures de fumier qu'exige un hectare de terre

non épuisée. Ces vingt-cinq voitures représentent vingt-cinq mètres cubes. A 10 francs la voiture, cela constitue une dépense de 250 francs. Si nous évaluons les frais de transport, ils s'élèveront, au minimum, à 25 francs, ce qui porte le chiffre total de la dépense à 275 francs. Or, après de telles avances les résultats favorables de la fumure restent à l'état de pure éventualité pendant la première année, lorsque l'emblavure est immédiate.

Pour fumer un hectare avec des engrais réduits, admettons qu'il faille quarante mètres cubes. Pour les obtenir nous prendrons vingt voitures de fumier frais à 10 francs, soit 200 francs. Les autres substances, qui doivent être mélangées en parties égales avec ce fumier, consistant en terres extraites des fossés, et en résidus de toute espèce, sont sans valeur ; nous les laissons pour mémoire. Le premier transport coûtera 25 francs ; ses diverses manipulations et le transport définitif demanderont encore 25 francs, ce qui fait un total de 250 francs, soit 25 francs de moins que le prix de revient du fumier frais. Admettons, néanmoins, si l'on veut, que le prix de revient de ces deux sortes d'engrais soit le même. Il ne s'ensuivra pas pour cela qu'ils aient chacun une valeur égale, car il faudra tenir compte de la différence qui existe, comme puissance, entre le fumier non consommé et le fumier prêt à agir. L'un est la matière brute, l'autre est la matière fabriquée ; les effets de celui-ci sont certains et les effets de celui-là sont tout à fait problématiques.

Le fumier long est le plus souvent un obstacle, une entrave à la bonne végétation; le fumier court, au contraire, est la matière fertilisante par excellence, celle dont l'action se fait sentir le plus immédiatement et le plus directement sur les plantes, dont elle favorise le développement et la croissance depuis leur sortie de terre jusqu'à leur entière maturité.

Pour ne pas nous écarter davantage de l'objet spécial de ce livre, nous voulons revenir aux fumiers couverts dont nous n'avons pas complétement expliqué l'importance. Nous allons mettre le lecteur au courant de nos expériences et le convaincre ainsi de la haute utilité qu'il y aurait de généraliser ce système, comme on est parvenu à généraliser aujourd'hui en Belgique, et notamment dans les Flandres, l'usage des fosses à purin. Bien que l'origine des fumiers couverts ne remonte pas à une haute antiquité, elle n'en a pas moins sa valeur. Cet excellent usage de conserver les fumiers à l'abri nous a été apporté du pays de Waes, la terre classique des véritables progrès agricoles et le berceau d'une foule d'améliorations introduites dans l'économie rurale.

Avant d'aborder le détail de nos expériences personnelles et de celles qui sont venues à notre connaissance, nous allons raconter un fait qui s'est passé, il y a longtemps déjà, et qui fera comprendre toute l'importance de ces engrais pour les cultivateurs qui exploitent des terres médiocres.

Dans une ferme que nous ne désignerons pas,

un de ces réservoirs allait tomber en ruine; il s'agissait de le reconstruire.

La dépense à faire pouvait s'élever de 500 à 600 francs. Le propriétaire, considérant cette dépense comme inutile et improductive, se montra peu favorable à cette reconstruction. Le fermier pensait autrement; il regardait cette réparation comme une chose de première nécessité pour lui. Aussi insista-t-il pour l'obtenir. Ce fut en vain; le propriétaire se refusa obstinément à faire cette dépense. Le fermier se trouva alors dans l'alternative de quitter la ferme, ou de reconstruire à ses frais le hangar. C'était pour lui l'instrument essentiel de son industrie, une garantie de réussite et l'élément principal de la prospérité du domaine qu'il affermait. Ne pouvant se résigner à supporter seul les frais de reconstruction, il quitta la ferme, pour aller en occuper une autre dont le propriétaire se montrait plus raisonnable.

Le maître de la ferme abandonnée trouva un locataire qui n'exigeait pas de hangar. Mais qu'arriva-t-il? c'est qu'au bout de quelques années, on s'aperçut que ce nouveau locataire se trouvait au-dessous de ses affaires, parce que les terres n'étaient plus aussi fertiles qu'auparavant. On en attribua la cause à l'absence du fumier couvert, et le propriétaire récalcitrant, convaincu alors, se hâta de construire, à ses frais, un hangar à fumier qui fut bientôt un élément de prospérité pour le fermier.

On voit donc par ce fait, qui s'est passé il y a vingt-cinq ou trente ans, combien déjà les fumiers couverts étaient appréciés à leur juste valeur, alors que leur usage était dans l'enfance et que les constructions qui devaient les abriter laissaient encore tant à désirer.

Frappé des immenses avantages qui étaient attachés à la conservation du fumier dans les hangars, nous fîmes approprier, il y a vingt ans, un emplacement spécial où furent réunis indistinctement tous les engrais de la ferme; puis, plus tard, par suite de l'extension de notre exploitation, nous en construisîmes un second, tout à fait approprié à sa destination.

Son soubassement est établi en maçonnerie, à la hauteur de 1 mètre 80 centimètres; le reste de la construction est en bois. Les montants, les poutres, les gîtes, etc., sont recouverts en tuiles rouges, sous lesquelles nous avons établi des greniers qui servent à divers usages.

Toutes les parties latérales de ce bâtiment sont à claire-voie, ce qui donne un libre passage aux émanations. Les greniers sont planchéiés avec soin et de telle manière qu'ils conservent parfaitement toutes les récoltes qui y sont déposées. L'air qui circule librement par-dessous contribue même puissamment à la dessiccation des matières imprégnées d'une certaine humidité. Aussi n'avons-nous pas hésité à convertir ces greniers en magasins à céréales; et, depuis douze ans qu'ils servent à cet usage, nous n'avons jamais eu occasion d'y constater la moindre détérioration. Plus d'une fois, au contraire, nous avons pu remarquer qu'ils présentaient certains avantages qu'on ne rencontrait pas dans les autres. Ainsi, notamment, ils sont moins accessibles aux rats et aux souris : d'abord, parce que ce mode de construction permet difficilement à ces animaux d'y pénétrer ; ensuite, parce que la partie inférieure étant presque toujours occupée par des porcs ou de jeunes bêtes bovines, il s'y fait constamment assez de bruit pour écarter ces rongeurs malfaisants.

Les constructions sont établies sur des dimensions suffisantes, et de façon à donner aux ouvriers l'emplacement nécessaire pour charger les voitures à leur aise. Et, en outre, pour faciliter les vidanges, et afin qu'elles s'opèrent sans encombrement à l'intérieur, aux deux extrémités de la façade, nous avons ouvert des portes doubles qui laissent un libre accès aux voitures, soit qu'elles entrent, soit qu'elles sortent. Les chariots entrant à vide d'un côté, sortent chargés de l'autre.

Telles sont les conditions dans lesquelles a été élevé le hangar que nous avons fait construire en 1842. Il a 20 mètres de longueur sur 8 mètres de largeur, et, rempli de fumier jusqu'au haut de la maçonnerie, il en contient environ soixante-dix voitures à deux chevaux.

La meilleure garantie que nous puissions donner à l'appui de notre conviction à ce sujet, c'est que, depuis le premier établissement de ces hangars, si éminemment propres à la conservation et à l'amélioration des engrais, l'exemple a été suivi. Ainsi, à notre connaissance, les écoles de réforme de Ruysselede et de Beernem en possèdent quatre aujourd'hui. M. Van Derbruggen de Naeyer en a fait élever un à Wyngene, à côté de ses étables; M. le baron Gustave De Negri en a bâti un, l'année dernière, à Oosteamp, et M. le baron de Trieu, très satisfait des bons résultats que présentent ces abris, en a aussi construit un dans sa propriété de Hophem (1).

Qu'il nous soit permis maintenant de compléter ce travail, en le faisant suivre de quelques réflexions sur les différents moyens généralement mis en pratique pour conserver le plus longtemps possible toutes les qualités fertilisantes du fumier.

Nous ne prétendons pas, bien entendu, que la Belgique soit le pays où le cultivateur apporte le moins de soins à la conservation et à la préparation des fumiers; nous pensons, au contraire, qu'à ce point de vue, il y a un certain progrès, bien qu'il soit exceptionnel. Et nous devons dire que, dans tous les pays où nous avons eu occasion de voir la manière dont on traitait le fumier de ferme, nous avons constaté qu'on procédait avec une incurie incroyable à la manipulation de cette matière

______

(1) Voir au commencement du volume le dessin qui représente ces constructions.

première, la plus précieuse et la plus indispensable en économie rurale.

Ainsi, en France, en Angleterre, en Allemagne, en Hollande même, nous n'avons nulle part remarqué qu'il y eût quelque tendance à abandonner les vieux usages dans la manière de traiter les fumiers.

La Belgique est peut-être le seul pays que nous connaissions où la valeur des fumiers soit réellement estimée, et où on apprécie les avantages sérieux qu'ils procurent au sol. Ainsi, en Campine, on suit une méthode qui est loin d'être parfaite; elle est cependant bien supérieure à toutes celles qu'on pratique généralement dans le reste du pays, et elle prouve que de tout temps cette contrée s'est occupée activement d'un élément auquel est attachée son existence agricole.

Les étables sont presque toutes construites dans de grandes proportions. Les bestiaux y sont rangés, dos à dos, sur deux lignes parallèles. L'emplacement qu'ils occupent est évidé à une profondeur qui varie de 1 mètre à 1 mètre 50 centimètres. La litière ne s'enlève que lorsqu'elle se trouve à une trop grande hauteur; et comme les bêtes sont attachées à des montants en bois auxquels on adapte des anneaux mobiles, elles n'éprouvent aucun inconvénient de cette élévation graduelle et presque insensible. Tous les jours on a soin d'égaliser la litière et de la recouvrir de paille fraîche. Il résulte de ce procédé que les fumiers, riches de tous leurs principes fécondants, produisent de merveilleux effets dans ces sols qui sont pour la plupart composés de sable pur.

Cette méthode, qui, bien qu'incomplète, a sa valeur, n'est pas assez vulgarisée, et voici comment on fait généralement :

Après l'extraction des déjections animales des étables, on les transporte invariablement dans la cour dite aux fumiers; ces cours, d'ailleurs, ne sont pas autre chose que des trous plus ou moins profonds, de formes et de dimensions irrégulières. Quand ces trous à fumier, que nous ferions mieux d'appeler cloaques, ne sont pas placés au milieu même du corps de bâtiments de l'exploitation, ils en sont si rapprochés qu'ils semblent en être des parties intégrantes.

Là où l'on a cru procéder par voie de progrès, on s'est avisé de creuser une large fosse au milieu de la cour, pour y déposer pêle-mêle toutes les immondices de la ferme, et cela en face des granges, des étables, et, le plus souvent, au pied de l'habitation du cultivateur. C'est là une façon de faire déplorable! En effet, admettons un instant que le fermier, qui donne à juste titre une grande valeur aux engrais qu'il fabrique chez lui, tienne à les conserver près de lui, afin d'exercer sur eux une surveillance incessante; faisons même la part des avantages qu'il trouve à réunir ainsi toutes ses matières fertilisantes en tas superposés les uns sur les autres, dans l'endroit le plus rapproché des étables,

avantages qui lui donnent une plus grande facilité
pour le transport de ces matières au fur et à mesure
de leur fabrication, qui lui évitent de distraire à
chaque instant ses ouvriers et ses attelages de leurs
travaux ordinaires, et qui, par conséquent, lui
épargnent certains frais.

Mais est-ce à dire pour cela qu'il faille entretenir devant les habitations des foyers permanents
d'infection et d'insalubrité? Est-ce une raison pour
perpétuer ainsi des habitudes qui sont contraires
à la saine pratique d'une exploitation rurale et
en opposition flagrante avec les prescriptions les
plus élémentaires de l'hygiène publique et privée ?

Nous allons essayer de montrer les inconvénients
qui en résultent.

Ainsi que nous le disions tout à l'heure, dans
presque toutes les fermes, les engrais qui se font
dans les étables sont enlevés périodiquement et
jetés dans la fosse commune, à quelques mètres des
écuries dont ils sont sortis.

Qu'arrive-t-il? C'est que la production de ces
engrais se faisant jour par jour, ils s'amoncèlent
avec lenteur, et chaque couche qui s'ajoute à la
masse est d'une épaisseur insignifiante; il en résulte qu'exposés au contact de l'air et de toutes les
intempéries, ils subissent des impressions qui les
altèrent et qui les désorganisent. Ainsi le soleil,
le vent, la pluie, le froid, le chaud même exer-
cent sur eux une action telle, qu'ils détruisent au

bout de quelque temps toutes les qualités essen
tielles qu'ils avaient à la sortie de l'étable.

C'est là, du reste, un fait incontestable ; et personne n'a jamais contesté que la fréquence des
variations atmosphériques n'exerçât une influence
puissante et délétère sur les engrais qui y sont
exposés. Il y a donc à la suite de ces alternatives
de sécheresse et d'humidité, une désorganisation
plus ou moins grande, qui se fait au détriment de
la qualité du fumier. Ainsi les nombreux sels qui
constituent sa vertu, l'azote, le carbone, l'ammoniaque, sont autant de parties intégrantes, dont
l'équilibre est rompu du moment qu'on lui en
enlève les moindres particules, qui toutes lui sont
de la plus absolue nécessité. Et tout ne vient-il pas
attester que nos arguments sur ce point sont basés
sur des données positives, lorsqu'on sait que beaucoup des sels que renferme l'engrais organique sont
solubles, et contribuent par cette solubilité à
l'annihilation partielle de son essence ?

Ces arguments, du reste, nous les puisons dans
les aveux mêmes des cultivateurs, et nous les trou-
vons dans les écrits du célèbre chimiste Payen qui
dit « que les cultivateurs pensent avec raison que
« le fumier perd la plus grande partie de sa valeur
« lorsqu'il est exposé quelque temps à la pluie et
« surtout au soleil. »

D'ailleurs, pas un des chimistes qui se sont
occupés de cette question n'est en désaccord sur
ce point. Ils conviennent tous que les fumiers com-

posés de matières animales et végétales entrent immédiatement en fermentation sous l'influence des agents atmosphériques et par l'action chimique de certains gaz, tels que l'oxygène et l'hydrogène, qui se combinent avec tous les éléments constituants de l'engrais animal.

Ainsi les excréments solides et liquides subissent d'autant plus vite cette décomposition, qu'ils sont exposés à l'air et que la température, tantôt basse, tantôt élevée, tantôt sèche, tantôt humide, varie plus souvent, réglant ainsi plus ou moins leur durée, jusqu'à ce qu'enfin les diverses combinaisons chimiques soient entièrement épuisées; et, pendant toute cette période de décomposition, il s'opère un dégagement continuel de gaz volatils, au détriment des principes les plus essentiels de la nutrition des plantes.

Après ces absorptions successives, il ne reste plus que les matières minérales non solubles.

En présence de ces faits, est-il possible de ne pas condamner le système suivi si généralement dans toutes les fermes? Car il est bien évident qu'en déposant, ainsi qu'on le fait, les fumiers au pied des bâtiments de l'exploitation, sur de vastes surfaces, qui atteignent souvent plusieurs centaines de mètres carrés d'étendue, on facilite et on accélère, de gaieté de cœur, l'absorption des sels et des gaz principaux. Il ne restera plus alors que les matières réduites à leur état élémentaire, et elles ne reprendront plus désormais leur rôle actif et

puissant, à moins qu'on ne les transforme en terreau.

Mais, va-t-on nous dire, puisque les fumiers,
ainsi privés de leurs éléments solubles, peuvent
encore être convertis en terreau, quelle est donc
cette grande dépréciation, qu'on fait sonner si
haut? Le terreau, lui aussi, a son importance et sa
valeur. Comme matière fertilisante, c'est un engrais
dont la décomposition très-avancée produit instantanément ses effets sur toutes les plantes et sur tous
les sols.

Nous sommes d'accord sur les mérites incontestables que réunit le terreau, et nous le regardons
comme un des engrais les plus propres à l'amélioration immédiate de la terre; mais cependant qu'on
veuille bien nous permettre quelques observations
à ce sujet. On a fait une foule d'expériences pour
constater la perte qu'éprouvait le fumier depuis le
commencement de sa fermentation jusqu'à son état
parfait de putréfaction. Tous les essais ont prouvé
que cette perte s'élevait à 50 pour cent. Par d'autres
expériences on est parvenu aussi à établir le rapport qui existe entre la valeur des fumiers dits
*beurre noir* et le terreau. Ainsi Gazzeri, Schwerz
et plus tard Boussingault ont attesté que 500 kilogrammes de terreau ne produisaient pas plus d'effet
que 1,000 kilogrammes de fumier court bien préparé et possédant encore tous ses éléments fertili
sants.

D'ailleurs, un simple raisonnement suffit pour

détruire tous les arguments que l'on voudrait élever en faveur de l'usage exclusif du terreau.

Le fumier passe par deux phases distinctes qui lui assignent deux fonctions ou plutôt deux valeurs différentes. Il a atteint sa première valeur lorsqu'il est arrivé à l'état de demi-décomposition ; ce qui constitue sa seconde valeur, c'est la décomposition totale, c'est-à-dire sa transformation en terreau.

Il peut, sans doute, dans chacune de ces deux périodes de son existence, rendre également de grands services à l'agriculture. Mais comme il s'agit surtout de l'utiliser le plus longtemps et le plus économiquement possible, on conviendra avec nous qu'il vaut beaucoup mieux le faire pendant chaque phase qu'il traverse en se décomposant, et avant qu'il ne soit arrivé à sa décomposition complète. Nous trouverions donc peu rationnel d'attendre, pour se servir de l'engrais organique, qu'il soit réduit à l'état de terreau, parce qu'avant cette transformation il est appelé à jouer un rôle non moins utile. En effet, à l'état de beurre noir ou de demi-décomposition, il communique à la terre tous les gaz qui lui manquent si souvent, tandis qu'à l'état de terreau, s'il vient encore puissamment en aide au sol, il ne peut cependant lui donner que les sels non solubles et tous les principes minéraux dont il est encore pourvu.

Maintenant que nous avons établi de quelle manière il fallait s'y prendre pour tirer le meilleur parti des engrais organiques, nous croyons qu'il n'est pas sans utilité pour le lecteur de lui indiquer certaines substances qui peuvent servir, sinon à renforcer les qualités fertilisantes du fumier, du moins à empêcher leur annihilation.

Comme on est fixé depuis longtemps sur la facilité qu'ont à se volatiliser les gaz, si précieux pour la fertilisation des terres, que renferment en abondance les fumiers provenant des déjections animales, un grand nombre de chimistes très-distingués ont cherché à trouver une matière propre à empêcher la volatilisation des principes qui forment la plus grande valeur des engrais. Mais il ne suffisait pas de trouver cette matière, il fallait encore qu'elle répondît à d'autres exigences dont la solution était presque aussi difficile que sa découverte elle-même ; en un mot, il fallait que son emploi n'entraînât point de frais trop grands, et que son usage ne présentât pas de gros embarras. On mit en avant une foule de procédés plus ou moins bons, plus moins chers : les uns préconisèrent le gypse ou plâtre, les autres l'acide sulfurique, le charbon, etc., etc., qui furent tour à tour essayés et rejetés. Enfin, il y a quelques années, l'attention fut attirée sur une substance dont les essais furent confiés à des mains très-habiles : c'était le sulfate de fer. Les essais, qu'on appliqua à la désinfection des vidanges de Paris et de Lyon, eurent un plein succès.

En présence des résultats favorables obtenus,

le sulfate de fer, qui réunit les qualités du bon
marché, en même temps qu'il est d'un usage très-
facile, devait nécessairement être accepté, et il le
fut. On l'employa beaucoup en Suisse. D'après
les comptes rendus de l'Académie des sciences,
M. Schaltermann se montra très-favorable à l'a-
doption de ce désinfectant dont il fait aujourd'hui
un grand usage. Pour prévenir la fermentation des
engrais et la déperdition de l'azote qu'ils con-
tiennent, cet habile agronome répand sur chaque
couche de fumier une dose de sulfate de fer dis-
soute dans l'eau, et il dresse ainsi des tas de fumier qui ont trois et quatre mètres d'élévation,
sans qu'il ait jamais à craindre un excès de fermentation ou d'évaporation de gaz. Il obtient par
ce procédé des engrais d'une grande énergie ; et,
bien que les parties végétales se décomposent, la
substance fertilisante ne perd aucune de ses pro-
priétés. L'azote reste concentré dans le sulfate
d'ammoniaque, qui ne donne lieu qu'à une évaporation d'eau mélangée de gaz acide carbonique.

Frappé de la simplicité de cette méthode et de
l'efficacité de ses résultats, désirant aussi nous
soustraire à cette déperdition continuelle des particules les plus actives des engrais organiques,
nous suivîmes les procédés de M. Schaltermann.
Toutefois nous y apportâmes une modification
dont nous nous sommes bien trouvé : au lieu de
répandre la solution de sulfate sur les couches
de fumier au fur et à mesure de leur superposition,

nous la répandîmes chaque fois sur la litière des animaux avant de la renouveler. En agissant de cette manière, on atteint un double but : on désinfecte les étables, qu'on dégage ainsi de toute odeur, et on met en contact immédiat le sulfate de fer avec les gaz ammoniacaux pour les convertir en sulfate d'ammoniaque, qui n'est pas volatil.

Nous pensons que cette manière de procéder doit prévaloir dans tous les cas sur celle de M. Schaltermann; car elle sert à deux fins : ainsi que nous venons de l'indiquer d'une part, elle assainit les écuries, et, d'autre part, elle fixe les gaz ammoniacaux, au moment où leur dégagement s'opère avec le plus d'intensité. Et comme nous n'avons l'habitude de faire enlever la litière des chevaux que tous les quinze jours, et celle des bêtes à cornes que deux fois par semaine, cette aspersion est excessivement facile à pratiquer, à l'aide d'un arrosoir dans lequel on verse de l'eau chaude, qui dissout le sulfate instantanément.

Quant à la quantité de sulfate de fer que l'on doit employer habituellement pour ce genre d'opération, les opinions semblent être encore divergentes, d'autant plus que les évaluations n'ont en quelque sorte porté jusqu'ici que sur les déjections humaines et sur des matières liquides.

M. Payen estime qu'il faut employer 2 kilogrammes de sulfate par 100 kilogrammes de matière fertilisante.

M. Schaltermann, qui de son côté a fait de

nombreuses expériences à ce sujet, indique à peu près les mêmes proportions. Cependant, nous ne pouvons pas admettre d'une manière absolue ces évaluations, parce qu'elles sont en général difficiles à apprécier, surtout par le praticien, auquel il faut rendre la besogne aussi simple et aussi facile que possible. On pourrait, toutefois, s'assurer que le sulfate de fer n'est pas appliqué à l'excès aux engrais, en se servant d'une petite quantité de cyanure de potasse. Mais il n'est pas possible, dans la pratique générale, d'avoir à recourir chaque fois à des manipulations chimiques; il faut, par un procédé simple et exact, établir le fait indépendamment de la théorie. Car le cultivateur se refusera obstinément à chercher scientifiquement la solution d'un problème, tant qu'il ne sera pas convaincu que la science peut le conduire à des découvertes utiles. Et, pour l'amener là, il faudrait d'abord que son instruction s'élargît.

Indépendamment de ces données sur l'emploi du sulfate de fer appliqué aux engrais, il existe des instructions du ministère de la guerre qui prescrivent à tous les corps de cavalerie, d'asperger avec cette substance la litière des chevaux avant l'enlèvement du fumier, qui a lieu à peu près tous les mois.

Ces instructions limitent la dose de sulfate dissous à 80 grammes par tête de cheval. Cette quantité nous semble insuffisante pour atteindre le but, car nous l'avons expérimentée nous-même, et nous n'en avons obtenu ni la désinfection des écuries ni une annihilation assez complète des gaz ammoniacaux. Nous avons donc trouvé convenable d'augmenter considérablement cette dose ; cette augmentation, du reste, ne peut nuire en rien à la qualité des fumiers, et le supplément de dépense qu'elle entraîne est insignifiant.

En cherchant à fixer d'une manière à peu près certaine les quantités de sulfate exigées pour atteindre une désinfection complète et permanente, nous n'avons point réussi d'emblée ; mais, enfin, après quelques écoles, nous croyons être arrivé.

Voici, en dernière analyse, la manière dont nous avons procédé.

Nous avons donné à chaque cheval, pour quinze jours, 50 kilogrammes de paille, exclusivement destinée à sa litière : trois kilogrammes et une fraction par jour. Les cinquante kilogrammes de paille, convertis en fumier, pesaient 550 kilog. Nous les avons arrosés avec un demi-kilogramme de sulfate de fer, dissous dans dix litres d'eau. Le sulfate ne coûtant que 8 à 9 francs les cent kilogrammes, dans le commerce, il en résulte que, pour quatre centimes et demi, nous avons désinfecté les déjections d'un cheval pendant quinze jours, ce qui n'élève la dépense à faire qu'à un quart de centime environ par jour et par tête.

Après ces expériences, dont les résultats ont été décisifs pour nous, puisqu'ils nous ont amené à produire la désinfection complète des écuries, que

5

nous avions fait clore, du reste très-soigneusement,
nous nous sommes occupé du fumier des bêtes à
cornes. A cet effet, nous avons pratiqué, sur toute
la surface de la litière de chaque animal, des
aspersions de sulfate de fer dissous dans l'eau, à
la dose d'un kilogramme par vingt litres d'eau et
pour huit têtes de bétail ici. Comme plus haut,
nous avons obtenu un succès complet : toutes les
émanations désagréables ont été annihilées et le
contact du sulfate de fer avec le gaz ammoniacal
produit tous les effets qu'on pouvait désirer, en le
convertissant en sulfate d'ammoniaque. Comme on le
voit, la dépense, calculée pendant quinze jours et
par tête pour la bête à cornes, est un peu plus
forte que pour le cheval; car, pour celui-ci, elle
n'est que de quatre centimes à quatre centimes et
demi, tandis que, pour celle-là, on peut l'évaluer
à cinq centimes. Mais nous avons jugé cette augmentation nécessaire, parce que les déjections de
la bête bovine sont plus volumineuses que celles du
cheval.

En face de ces résultats, que nous avons obtenus
à force d'expériences faites avec beaucoup de soin,
nous pouvons dire que le but est atteint. En effet,
la mise en œuvre du procédé est facile, et la dépense qui en résulte est légère. Et nous ne com-
prendrions pas que les cultivateurs se refusassent
à adopter une mesure aussi éminemment utile, qui,
d'une part, peut soustraire leurs animaux à l'action
des émanations délétères, qui provoquent souvent

dans les étables des affections dangereuses et qui, d'autre part, contribuent puissamment à donner une plus grande valeur fertilisante aux engrais, en conservant leurs gaz, dont le rôle est si actif dans la végétation des plantes.

Dès le début des expérimentations, nous avons tenu à pouvoir établir le degré de supériorité de l'engrais, traité par le sulfate de fer, sur le fumier dit court, et nous avons fait, à cet effet, plusieurs essais comparatifs. Nous avons pris 100 kilog. de matières, les unes sulfatées, les autres non sulfatées, et nous les avons enterrées séparément sur deux portions de terrains de cent mètres carrés chacune. Nous avons semé des rutabagas sur ces deux parcelles : les cent mètres fumés avec la préparation ont produit 440 kilogrammes de racines, tandis que les cent mètres fumés avec l'engrais non préparé n'ont donné qu'un poids de 410 kilogrammes. La différence est de 50 kilog., et elle est plus que suffisante pour compenser avantageusement la dépense ; car ce rendement de 50 kilog. en plus, sur 100 mètres carrés constitue une augmentation de 5,000 kilog. par hectare.

Nous avons fait des essais semblables sur des champs emblavés en céréales, mais nous nous y sommes pris trop tard ; et il en résulte que nous ne pouvons encore établir aucun fait décisif à cet égard.

Une remarque qu'il nous a été permis de faire au sujet des rutabagas, quelques jours après leur levée, c'est que ceux qui avaient été fumés avec l'engrais sulfaté présentaient une végétation plus luxuriante.

Indépendamment de ces avantages, le sulfatage des fumiers, envisagé sous un autre point de vue, est appelé à rendre des services bien plus grands encore à une branche essentielle de l'industrie agricole : nous voulons parler de la salubrité des étables. Nul, si peu qu'il connaisse les habitudes suivies généralement dans nos campagnes, n'ignore combien les animaux domestiques ont à souffrir pendant les six mois de stabulation permanente à laquelle ils sont assujettis. Pendant ce temps ils sont renfermés dans de véritables cloaques, clos de tous côtés, où l'air ambiant exerce sur eux une influence funeste, en les soumettant à l'action permanente d'exhalaisons méphitiques, qui, si elles ne sont pas toujour meurtrières, développent bien souvent le germe de maladies très-graves. De là, ces affections pulmonaires, qui font annuellement tant de victimes, sans que l'on veuille la plupart du temps en chercher la véritable cause.

Que de fois des étables n'ont-elles pas été complétement ravagées et n'ont-elles pas perdu jusqu'au dernier de leurs habitants, par suite des émanations pestilentielles qui s'attaquaient à l'économie animale, sans qu'on ait pu se rendre compte de l'origine de ce fléau !

C'est ainsi qu'en 1848, nous avons été témoin de l'apparition de la pommelière ou phthisie pulmo-

naire dans une étable. En moins d'un an, vingt-
cinq animaux furent successivement enlevés. Pour
arrêter les funestes conséquences de la maladie, on
recourut en vain à toutes les connaissances patho-
logiques; tout était impuissant. Cependant, le
système d'alimentation était convenable, les étables
étaient toujours tenues dans un état parfait de
propreté, la ventilation semblait suffisante, et on
se perdait en conjectures et en suppositions sur la
cause de cette maladie, et surtout sur sa persis-
tance.

En présence d'un état de choses qui, chaque
jour, se présentait d'une manière de plus en plus
alarmante, le propriétaire se décida à sacrifier
tous ses animaux, à l'exception de deux, qui
avaient cependant aussi les germes de la maladie.
Il fit blanchir les murs à l'eau de chaux et peindre
les bois à l'huile; il établit des ventilateurs plus
nombreux; il fit construire des cheminées de rappel.
Cette besogne faite, il regarnit ses étables avec des
animaux parfaitement sains, qu'il ne craignit pas
de mettre en contact permanent avec les deux
bêtes malades qu'il avait conservées. Celles-ci
guérirent, et le bétail nouveau ne fut point atteint.
Huit années se sont écoulées depuis lors, et le fléau
n'a pas reparu. Jusqu'ici tout est venu confirmer
que la seule cause latente et prédisposante de la
maladie devait être attribuée à l'imperfection et à
l'insuffisance du système d'aération avant son in-
vasion.

On pousse à l'adoption générale du système de stabulation permanente, qu'on regarde comme un élément essentiel de la prospérité et de la richesse de l'agriculture. On a raison ; et nous pouvons prédire le succès le plus complet à ceux qui l'adopteront, s'ils veulent suivre les prescriptions que nous recommandons, et que nous considérons comme le complément nécessaire de cette méthode, qui est appelée à rendre d'immenses services à l'agriculture.

Ainsi, le fumier traité par le sulfate de fer ne coûte que 96 centimes par an pour un cheval, et 1 franc 20 centimes pour chaque tête de gros bétail. Qui pourrait reculer devant une dépense si légère comparativement aux résultats qu'elle doit produire ? Qui se refuserait à adopter et à propager une méthode appelée à exercer une influence heureuse sur toutes les branches de l'industrie agricole, qui, toutes, ont besoin d'être vigoureusement poussées dans la voie du progrès ?

Il faut bien se rendre compte de la situation, qui change et se modifie chaque jour. Autrefois la population était moins nombreuse ; ses besoins, naturellement, étaient moindres, et on pouvait, jusqu'à un certain point, ne pas chercher à donner à la production toute l'impulsion qu'elle pouvait recevoir. A l'aide de peu, on arrivait au but. On exigeait moins de la terre qui, par conséquent, conservait toujours quelques-uns de ses éléments de fécondité primitive ; on ne la fatiguait pas, comme

on fait aujourd'hui, par une succession non inter-
rompue de récoltes qui absorbent sans cesse les
mêmes principes nutritifs, sans qu'on puisse les
remplacer à temps.

De nos jours, la situation est tout autre, et il
s'agit de créer des ressources nouvelles qui puissent
répondre plus directement à ses besoins et à ses
exigences.

D'une part, la population s'est accrue considérablement; d'autre part, la civilisation, en marchant,
a fait naître des besoins d'aisance et de bien-
être qui se font sentir dans toutes les classes de la
société. Ce sont là des faits qui obligent et qui demandent un concours sérieux d'efforts pour arriver
à bien et pour lutter victorieusement, le cas échéant,
contre ces nombreuses éventualités, qui mettent
périodiquement l'existence humaine en question.

Quand tout marche, quand tout progresse, quand
nous voyons les améliorations s'introduire dans
toutes les sciences, dans tous les arts, l'agriculture
seule resterait-elle en arrière? La richesse de sa
production est inépuisable. Qu'elle emploie tous les
moyens, qu'elle ait recours à toutes ses forces,
qu'elle lutte enfin contre les obstacles imaginaires
que lui crée la routine et contre les difficultés acci-
dentelles qui parfois se présentent.

Ainsi, qu'on ne vienne pas nous dire, par exemple, que la maladie des pommes de terre est une
calamité générale dont l'influence se fait sentir
d'une manière funeste et irrémédiable sur le prix

de toutes les subsistances. A notre époque, en plein
XIX<sup>e</sup> siècle, une pareille façon de voir et de raison-
ner est une véritable hérésie, qu'on ne saurait trop
chercher à déraciner. Chaque chose a son remède.
Que nos populations agricoles le veuillent bien ;
qu'elles cherchent à améliorer la culture de la
pomme de terre, qu'elles en augmentent en même
temps la production, et elles parviendront d'une
manière ou de l'autre à annihiler l'influence de la
maladie.

Un autre exemple : La statistique générale de la
Belgique indique que le rendement moyen du seigle ne dépasse pas 18 hectolitres par hectare. Les
cultivateurs pensent-ils qu'il n'y ait pas moyen de
faire mieux? Ils n'ignorent certes pas que la consommation du seigle dans les villes décroît d'année
en année, et qu'il ne conserve encore son prix nor-
mal que parce qu'il sert à la fabrication de l'alcool ;
ils n'ignorent pas davantage que tout tend, chaque
jour, à remplacer cette céréale par le froment, dont
plusieurs variétés sont tout aussi faciles à cultiver.

Voyons, à cet égard, ce qu'a fait, depuis quelques années, l'Angleterre qui se connaît au moins
aussi bien que nous, personne ne le niera, à tout
ce qui touche à l'économie générale d'un pays.

Il y a trente ans, des districts entiers de la Grande-
Bretagne étaient encore emblavés en seigle, qui ser-
vait exclusivement à l'alimentation et qui se con-
sommait sur place. Ces districts, dont la terre
n'était pas plus riche que celle où nous cultivons

habituellement cette céréale, se sont peu à peu transformés, et ils produisent aujourd'hui d'abondantes récoltes de froments divers, appropriés suivant leur variété à la nature du sol. Il est rare maintenant, et c'est chose exceptionnelle d'y rencontrer encore un champ ensemencé en seigle.

Le cultivateur anglais a donc généralement abandonné le seigle pour le froment; et c'est là un fait qui témoigne en faveur de l'adoption de cette dernière sole. Ce que l'Angleterre a fait depuis trente ans, ne pouvons-nous pas l'exécuter, et avec d'autant plus de facilité, que nous avons sous la main aujourd'hui des moyens de production qu'elle n'avait pas au début de cette révolution culturale, et que nous avons en outre des débouchés assurés.

Il est évident que, sans tenir compte des terres complétement sablonneuses, la Belgique pourrait augmenter considérablement le nombre d'hectares qu'elle emblave régulièrement en froment. La production, par là, serait plus forte, plus avantageuse, plus bienfaisante, et nous n'aurions plus à déplorer ce fait, révélé par la statistique, à savoir que, dans notre Belgique, si renommée par sa belle culture, la récolte du froment, comparée à celle du seigle, est inférieure de 988,554 hectolitres, tandis que c'est le contraire qui devrait avoir lieu.

A quoi attribuer un semblable état de choses, si ce n'est à une insouciance impardonnable et à des coutumes vicieuses, d'autant plus difficiles à détruire qu'elles ont en quelque sorte passé dans les mœurs par une pratique de plusieurs siècles.

On nous objectera peut-être qu'après le seigle on peut obtenir une récolte dérobée de navets, nous voulons bien admettre que dans certaines localités, cette culture couvre les frais qu'elle occasionne; mais qu'il nous soit permis de dire aussi que, dans beaucoup d'autres, elle ne répond pas toujours à l'attente du cultivateur, et que dans certains cas elle lui est onéreuse.

En effet, elle ne permet pas de nettoyer convenablement les chaumes, elle exige des sarclages nombreux, elle effrite la terre. Et, comme compensation, que produit-elle par hectare après tout cela ?... Une récolte qui, la plupart du temps, ne va pas au delà de 8,000 kilogrammes de racines, qui, en définitive, constituent une nourriture dont les principes alibiles sont assez pauvres.

Sur ce dernier point, nous n'avançons rien inconsidérément, car les nombreuses expériences qu'on a faites pour établir la valeur nutritive du navet blanc des Flandres prouvent à l'évidence que le rendement de cette récolte dérobée est plus illusoire que réel.

Selon Thaër, l'aliquote de 100 kilogrammes de navets est de 19 kilogrammes.

Selon Petri, il n'est que de 16 kilogrammes.

Le navet, d'après les analyses, contient 92.5 d'eau et ne possède que 7.5 p. c. de matière solide, dont la majeure partie est ligneuse.

Ce tubercule, administré seul aux bêtes, entretient l'existence animale, mais il n'est pas capable de leur faire acquérir de la chair ou de leur faire produire du lait ; ce sont les substances azotées qu'on mélange avec lui, telles que les farines, les tourteaux, le foin, etc., etc., qui en font une alimentation convenable.

Nous ne dirons rien ici des éventualités qui menacent les semis des récoltes dérobées, à une époque de l'année ou le défaut de pluie, les altises et les limaces compromettent trop souvent l'espoir que le cultivateur fonde sur l'avenir d'une abondante récolte.

Cependant, en passant, nous éveillerons l'attention du fermier sur une maladie qui, depuis quelques années, attaque souvent le navet blanc, au point d'inspirer des craintes sérieuses sur son existence future. Nous voulons parler des excroissances irrégulières qui se forment à sa racine, et qui finissent par envahir tout le tubercule.

Dans les cellules de ces nodosités se logent des diptères qui détruisent la récolte entière. Cette maladie, connue dans les Flandres sous le nom de *kleter ziekte*, a donné lieu à une foule de recherches curatives. L'usage des cendres et de la chaux, l'inoculation de la graine de navet sur betterave, les semis tardifs dans les terres sèches, tout cela a été essayé avec plus ou moins de succès et préconisé comme autant de moyens préventifs ; mais ce ne sont là que des palliatifs complétement insuffisants pour faire avorter le fléau. Et il en résulte que des districts entiers doivent provisoirement renoncer à la culture de ce crucifère et se rejeter sur celle de la betterave, qui prend d'autant plus d'extension aujourd'hui, que cette précieuse racine est restée, fort heureusement, jusqu'à cette heure, à l'abri des maladies qui ont frappé d'autres plantes.

Après tout, du reste, et quoi qu'il en soit, rien ne prouve qu'on ne puisse obtenir une bonne récolte de navets après froment. Nous pensons que cela est possible; et si cela ne se pratique pas, c'est parce que l'on a l'habitude de vouloir prendre à la terre jusqu'à son dernier atome de suc fertilisant, avant que de se résigner à lui accorder de nouveaux moyens de reproduction.

Que fait-on généralement? On fume le froment qui précède le seigle; on donne peu de chose au seigle qui vient après, et le navet, qui succède à celui-ci ne reçoit rien. Eh bien, si on fumait convenablement, qu'est-ce qui empêcherait d'obtenir une bonne récolte de racines après froment? Rien! il n'y a véritablement aucun obstacle, si ce n'est celui que crée à plaisir une parcimonie mal entendue. Et des expériences sérieuses et répétées ont prouvé que cet assolement était au moins aussi rationnel que celui que l'on suit instinctivement et par habitude.

Pour faire mieux comprendre aux cultivateurs que la récolte du seigle leur donne une rémunération médiocre, il nous suffira de comparer son rendement avec celui du froment.

Admettons que la dépense pour un hectare de seigle se décompose de la manière suivante :

| | | |
|---|---:|---|
| Location de la terre | fr. 60 | » |
| Fumure | 80 | » |
| 1 1/2 hectolitre de graines à 15 fr. | 19 50 | |
| Labours, hersages, etc. | 20 | » |
| Moisson, rentrée en grange | 8 | » |
| Battage, nettoyage, etc. | 12 | » |
| | fr. 199 50 | |

Les frais d'un hectare de froment s'élèvent à fr.

| | | |
|---|---:|---|
| Location de la terre | 60 | » |
| Fumure | 100 | » |
| 1 1/2 hectolitre de graines à 20 fr. | 30 | » |
| Labours, hersages, etc. | 20 | » |
| Moisson, rentrée en grange | 8 | » |
| Battage , nettoyage, etc. | 12 | » |
| | fr. 233 | » |

Mettons le prix de l'hectolitre de seigle à 15 fr. L'hectare, produisant 18 hectolitres, rapportera une somme de 234 francs.

| | | |
|---|---:|---|
| La recette étant | fr. 234 | » |
| La dépense | 199 50 | |
| Il reste un bénéfice net, fr. | 34 50 | |

Le prix du froment étant de 20 fr., 18 hectolitres par hectare donneront une recette de 360 fr.

La recette étant . . . . . . . . . . . . . . . fr. 360  »
La dépense s'élève à . . . . . . . . . . . . .  250  »

Le bénéfice net sera de fr. 130  »

Différence des bénéfices. . . . . . . . . . fr.  95 50

Nous omettons ici le rendement en paille, qui, somme toute, ne peut rien changer à ces chiffres ; car, si la paille de froment donne une moindre quantité, elle a une valeur plus élevée. Il y a par conséquent compensation.

Il ressort évidemment de cette comparaison toute simple que le cultivateur a tout intérêt à emblaver en froment autant de terres que la qualité de son sol le lui permet ; car il trouvera sur un hectare de froment un bénéfice aussi grand que celui qu'il pourra réaliser sur trois hectares de terre emblavés en seigle.

Dans tous les cas, et par la force même des choses, la culture du seigle tendra continuellement à restreindre de plus en plus ses proportions. Sa consommation diminue chaque année dans les villes, ainsi que nous le disions plus haut ; comme matière alimentaire, il a donc perdu du terrain. Il est vrai qu'il trouve en ce moment un débouché favorable dans les fabriques d'alcools ; mais, que demain la maladie de la vigne vienne à cesser en France, l'exportation des alcools deviendra nulle. Ou bien encore, ce qui est excessivement possible, qu'on trouve pour la distillation des eaux-de-vie une matière première fermentescible qui soit du domaine de la grande culture, comme on a déjà trouvé la betterave, et la consommation du seigle se resserrera à tel point qu'on ne le verra plus figurer sur les marchés. Bon gré, mal gré, alors, sa culture se restreindra.

Le jour où cette révolution sera accomplie, on pourra dire que l'économie rurale aura fait chez nous un pas immense dans la voie du progrès, et notre agriculture contribuera pour une très-grande part à délivrer le pays de ces déficit annuels que le commerce est obligé de combler aujourd'hui.

On pourrait nous reprocher ici, avec une certaine apparence de raison, que nous nous sommes éloigné du point principal de la question que nous avons voulu traiter. Mais, à notre avis, il n'en est rien, car nul, pour peu qu'il soit praticien, n'ignore quelle est l'intimité qui règne entre les diverses branches de l'industrie agricole; et cette intimité est telle, qu'il n'est pas possible d'aborder une question sans être entraîné à s'occuper des autres. Quoi de plus naturel, alors qu'en parlant des engrais, nous ayons été amené à entamer le chapitre des céréales. Pouvons-nous, en effet, nous occuper des fumiers sans dire les avantages qu'on peut en tirer par l'emploi de telle ou telle méthode? Et, quand nous constatons les avantages que présente la culture de certaines céréales, n'est-ce pas chose simple que nous cherchions à établir d'une manière nette le chiffre de rémunération plus grande que le producteur peut en atteindre?

Nous conseillons l'extension de la culture du froment, parce que nous avons la conviction que l'augmentation de la production de cette céréale conduirait à des résultats favorables, tout aussi avantageux pour le producteur que pour le consommateur.

Toutes les opérations de l'agriculture sont liées entre elles comme les anneaux d'une même chaîne; qui pourrait le nier? Nous posons donc en fait, comme déduction de cet axiome, que lorsque le fermier se sera décidé à donner une meilleure direction aux qualités fertilisantes de ses engrais, il pourra avec une moindre quantité de fumier mieux fumer et fumer de plus grandes surfaces; par suite, il récoltera davantage et ses produits lui donneront de plus grands bénéfices. Car il faut bien se persuader de cette vérité, que personne ne contestera, c'est que l'on a tort d'attribuer exclusivement à l'infériorité du sol l'énorme quantité de terres qui sont annuellement emblavées en seigle; le déficit des engrais y participe pour une grande part, et c'est une accusation qu'on peut justement élever contre la plupart des exploitations rurales.

N'y a-t-il pas quelque chose d'humiliant pour l'orgueil national, quand on songe qu'en Belgique, on trouve encore 283,369 hectares ensemencés en seigle, tandis qu'on n'y compte que 233,432 hectares emblavés en froment.

Un pareil état de choses est d'autant plus déplorable, qu'on ne peut l'attribuer uniquement, ainsi que nous venons de le dire, qu'à la mauvaise qualité du sol. Cela est triste à dire : et il en ressort ce témoignage : que l'on ne veut pas écouter la voix du progrès.

283,569 hectares de terres sont annuellement emblavés en seigle : ce sont les documents officiels tirés de la statistique du royaume qui nous donnent ce chiffre, et nous le prenons pour base, puisque nous avons besoin d'en avoir une.

Supposons que toutes ces terres soient soumises à un assolement triennal, et qu'après chacune de ces périodes, le seigle y soit cultivé. Il s'ensuivrait que la Belgique posséderait 850,107 hectares spécialement réservés à ce genre de production. En ajoutant à ce chiffre les 485,666 hectares de bois, forêts, taillis, etc., etc., et les 290,003 hectares de bruyères non cultivés et les terrains vagues, on aura un total de 1,625,776 hectares dont la qualité ne permettrait pas d'autre culture que celle du seigle. L'étendue cadastrale des terres de la Belgique susceptibles de culture ne s'élevant qu'à 2,605,035 hectares, il ne nous resterait que 977,259 hectares pour toutes les autres cultures et pour subvenir à tous nos besoins.

Pour celui qui est tant soit peu initié aux connaissances agricoles, il est hors de doute qu'il y a quelque chose de profondément affligeant dans une révélation de cette nature ; et la première réflexion qu'il doit faire, c'est qu'il y a nécessité urgente de réunir tous les efforts pour changer un système de production aussi déplorable. Nous ne cesserons de le dire et de le répéter, quand on voudra bien sincèrement que cette modification se fasse, elle se fera.

Que l'on augmente en quantité et en qualité la production de l'engrais. Est-ce donc si difficile à obtenir? Non; pour y arriver, il suffit que le cultivateur nourrisse mieux son bétail et obtienne ainsi un engrais plus puissant. Alors ses récoltes, plus abondantes, lui permettront un assolement plus rationnel et moins épuisant; ses racines fourragères lui donneront de plus grands produits, car sur un espace infiniment plus restreint qu'auparavant, il récoltera le double. Cela lui permettra d'entretenir un plus grand nombre d'animaux domestiques, et d'augmenter, par conséquent, la quantité de son fumier.

Disons en passant que l'insuffisance du bétail est une des grandes plaies de notre agriculture et constatons, pour appuyer notre assertion, qu'en faisant compte de toutes les bêtes grandes et petites que possèdent nos exploitations rurales, il n'y en a pas même une par chaque hectare.

Cet aveu est pénible à faire; mais il n'en est pas moins vrai que la Belgique ne possède aujourd'hui que 294,557 chevaux, 9,788 ânes et mulets, 1,205,891 taureaux, taurillons, vaches, bœufs, génisses et veaux, et 662,508 moutons et brebis, chiffre à peine suffisant pour fertiliser la huitième partie des terres arables.

Que l'on ne vienne donc pas nous dire, en présence de pareils faits, que notre agriculture est en progrès, car, avec des éléments de production aussi restreints, elle doit, chaque année, faire un pas en arrière, plutôt que marcher en avant. Qui le contestera?...

Il n'y a que l'engrais pailleux qui soit susceptible d'améliorer la qualité du sol arable; tous les autres engrais sont des palliatifs qui se bornent à favoriser ou à exciter le développement de la plante. Si donc, ainsi que nous venons de le dire, on ne peut donner que tous les huit ans, en moyenne, de l'engrais pailleux à chaque hectare de terre, il en résultera, à toute évidence, un appauvrissement successif du sol, qui, à la longue, finira par devenir complétement stérile. Nous pouvons prendre notre propre expérience à témoin de cette assertion. Combien de fois n'avons-nous pas vu un grand nombre de végétaux périodiquement atteints d'affections qui compromettaient l'existence des uns et la reproduction des autres! et presque toujours nous avons réussi à faire avorter ces maladies, avant qu'elles aient pris tout leur développement, en doublant ou en triplant la dose d'engrais ordinaire.

Mais, nous dira-t-on, ce moyen n'est pas applicable à la grande culture; nulle fortune ne pourrait y suffire. — C'est là encore une erreur, trop accréditée malheureusement, qui ne se propage et qui ne trouve des prosélytes que parce qu'on ne veut pas approfondir la question au point de vue pratique.

Sans doute, pour faire avec succès de l'agriculture, il faut de l'intelligence et des connaissances; mais cela ne suffit pas. Il faut avoir en outre des ressources pécuniaires qui permettent de faire certaines dépenses et d'attendre leur résultat; mais ce ne sont là que des avances, et elles ne tardent pas à rentrer. Toute la question est donc dans la possibilité de faire de telles avances et d'attendre. Il faut chercher où est le mal... Le mal est dans ce que les cultivateurs veulent généralement embrasser plus qu'ils ne peuvent étreindre. Les neuf dixièmes d'entre eux entreprennent une exploitation sans avoir à leur disposition les capitaux nécessaires pour la faire marcher convenablement. Ils comptent exclusivement sur une réussite aléatoire, sur des éventualités favorables, sans vouloir faire la part de la mauvaise chance et des événements désastreux qui peuvent les atteindre jusqu'au dernier moment, jusqu'à l'heure où ils voient toutes leurs espérances prêtes à se réaliser. Ils ne mesurent pas leurs forces; ils ne laissent aucune de leurs ressources en réserve, en sorte que lorsque le succès tarde à venir, ils sont épuisés.

Une exploitation de cinquante hectares exige un capital de vingt-cinq mille francs : nous sommes convaincu que c'est une exception rare de voir le fermier commencer son entreprise dans ces conditions. C'est là la juste récrimination que l'on peut élever contre l'exploitation du sol en Belgique. La mise de fonds du cultivateur n'est pas en rapport avec la quantité de terres qu'il fait valoir. Il ne s'attache pour ainsi dire qu'à une chose, c'est d'avoir beaucoup de terres à exploiter. Elles ne lui donneront que de médiocres récoltes; peu lui importe! S'il cultivait une moins grande étendue de terrain, il pourrait lui donner plus de soins, plus de nourriture, et ses récoltes lui profiteraient d'autant mieux; il ne s'en inquiète pas.

Nous pouvons faire ressortir la vérité de ce que nous disons par un fait qui nous est passé sous les yeux, il y a trois ans à peine, et dans lequel nous sommes intervenu personnellement.

Un cultivateur exploitait une petite ferme de quatre hectares qu'il cultivait jusqu'à la moindre parcelle. Il affectait régulièrement un hectare et demi à l'ensemencement du seigle: le reste était réservé aux diverses autres cultures. Ses ressources ne lui permettant pas de produire beaucoup de fumier, il éparpillait sur son terrain le peu qu'il pouvait obtenir. Il s'épuisait en vains efforts et il allait chaque jour s'appauvrissant, sans pouvoir même subvenir toujours aux besoins de son ménage. Malgré les observations qu'on pouvait lui faire journellement à propos de sa méthode de culture, il s'obstinait à la suivre, et il fallut, pour ainsi dire, employer la menace pour l'amener à la modifier. Enfin, il finit par se résigner, c'est le mot, à écouter les conseils, qu'on lui donnait.

Il réduisit sa culture à un hectare et demi, et il concentra toutes ses ressources sur cette portion de son terrain. Il emblava cinquante ares seulement en seigle, et il répartit proportionnellement ses autres cultures. Depuis ce temps, tout a changé. Sur ces cinquante ares de seigle, il récolte plus qu'il ne récoltait auparavant sur cent cinquante. Il obtient facilement sa provision de blé et de pommes de terre, tout en se ménageant quelques autres produits, tels que du lin, etc. Il se procure sans difficulté toutes les denrées nécessaires à l'alimentation de sa famille, qui se compose de trois grandes personnes et de deux enfants. Enfin, à la pauvreté, nous pourrions presque dire à la misère, a succédé l'aisance. Et, cependant, cet homme n'a été amené à changer son mode de culture qu'avec une répugnance très-marquée et à contre-cœur. On ne pouvait pas lui faire entrer dans l'esprit qu'un hectare et demi de terrain pût lui rapporter plus que quatre hectares. Il le comprend bien aujourd'hui, et il s'applaudit de sa nouvelle manière.

Ce fait indique combien certains préjugés sont encore enracinés profondément dans l'esprit de nos populations rurales, et combien il est difficile de leur faire comprendre comment il y a bénéfice plus grand pour eux à récolter 26 hectolitres de blé, par exemple, sur un hectare de terre bien cultivé et convenablement fumé, qu'à récolter la même quantité sur deux hectares cultivés sans soins et sans engrais. Ce calcul est cependant facile à établir : la mise en culture de deux hectares exige le payement d'une rente double ; il y a deux fois autant de main-d'œuvre ; tout, en un mot, il est inutile de nous étendre sur ce point, est au détriment de celui qui veut récolter sur deux hectares ce qu'il pourrait récolter sur un seul.

Quand, après avoir fait comprendre à tous cette vérité, on l'aura introduite dans le domaine de la pratique, on marchera à grands pas vers le degré le plus élevé de la science agricole, et on l'aura bientôt atteint.

Ne désespérons pas et ayons foi dans l'avenir qui est réservé à l'agriculture. Le désir de faire mieux qu'on n'a fait jusqu'ici, le besoin de produire davantage, besoin qui nous est imposé par la situation même, pousseront la génération qui vient après nous à entrer à grands pas dans la voie des améliorations et du progrès.

Reposons-nous donc sur l'avenir.

L'agriculture, comme toutes les autres branches de la science et de l'industrie, y a sa place largement marquée, et rien ne l'empêchera de venir l'occuper dignement.


FIN.

Mai 1857.

# CATALOGUE

DE LA

# LIBRAIRIE AGRICOLE

## DE BELGIQUE.

BRUXELLES,

ÉMILE TARLIER, ÉDITEUR,

RUE DE LA MONTAGNE, 51.

# DIVISION DU CATALOGUE.


|                                                        | Pages. |
|--------------------------------------------------------|--------|
| *Bibliothèque rurale* . . . . . . . . . . . . . . . .   | 3      |
| *Bibliothèque du cultivateur.* . . . . . . . . . . .    | 9      |
| *Bibliothèque du jardinier.* . . . . . . . . . . . .    | 10     |
| *Bibliothèque de l'agriculteur praticien.* . . . . . . | 11     |
| Journaux et revues. . . . . . . . . . . . . . .         | 12     |
| Diplômes agricoles. . . . . . . . . . . . . . .         | 16     |
| Ouvrages divers d'*agriculture.* . . . . . . . . . .    | 17     |
| Publications algériennes . . . . . . . . . . . . .      | 34     |


# CONDITIONS DE VENTE.

Les ouvrages sont expédiés FRANCO dans tout le royaume aux personnes qui joignent à leur demande le payement en un mandat-poste au nom d'Émile Tarlier, ou en timbres-poste.

L'Éditeur se charge de fournir, aux mêmes conditions, les autres ouvrages, belges ou étrangers, qui ne figurent pas sur ce catalogue.

# CATALOGUE

## DE LA

# LIBRAIRIE AGRICOLE

## D'Émile TARLIER.

Rue de la Montagne, 31, à Bruxelles.

## BIBLIOTHÈQUE RURALE DE BELGIQUE.

(Instituée par le Gouvernement.)

*Collection de traités destinés à l'amélioration et au perfectionnement de l'agriculture.*

### FORMAT IN-18.

**Annuaire des agriculteurs pour 1857.**     fr. 1 25

Cet ouvrage, qui se publie, sans interruption, depuis 6 années, présente l'organisation et le personnel de l'administration agricole de Belgique. Il contient des tableaux statistiques sur l'exploitation agricole, les produits des principaux marchés de l'Europe et la fixation des foires et marchés de Belgique, les exportations et importations, etc. Il analyse les découvertes utiles pour l'agriculture, etc.

Les années 1850 à 1856 se vendent séparément.     1 25

**Culture** (Manuel de), par Max. Le Docte, agronome-cultivateur, secrétaire de la Société centrale d'agriculture de Belgique.

Ce volume traite de la connaissance du climat et du sol, des engrais et amendements, des défrichements, des instruments de culture, de la culture des plantes en général, de la culture spéciale des plantes et de la succession des récoltes, etc. 1 vol. in-18 avec 50 gravures.     89

**Chaux** (Emploi de la) en agriculture. 1 volume.        « 20

> L'emploi de la chaux est devenu une des questions les plus intéressantes à l'ordre du jour. Ce petit traité est mis en rapport avec le territoire de la Belgique.

**Comptabilité agricole** (Manuel de), 1 volume avec tableaux et modèles de livres.        » 40

**Arboriculture** (Manuel d'), comprenant l'étude des pépinières, la culture spéciale et la taille des arbres à fruits, précédé de notions d'anatomie et de physiologie végétales. 2 vol. avec 205 gravures.        1 55

> Le *Manuel d'arboriculture* est puisé dans l'excellent cours de M. Dubrecil et dans les livres des principaux praticiens ; un très-grand nombre de gravures facilitent l'intelligence du texte.

**Drainage** (Manuel de), par H. Stephens, traduit de l'anglais, par Fréd. D'Omalius ; suivi d'une notice sur le drainage, par J. M. J. Leclerc, chef du service de drainage en Belgique. 1 volume avec 88 gravures.        1 10

**Chimie agricole** (Manuel de) et de **Géologie,** par F. W. Johnston, traduit de l'anglais ; édition augmentée d'un aperçu sur la constitution géologique de la Belgique, par M. Dumont, membre de l'Académie royale des sciences. 1 volume de 400 pages avec gravures.        1 35

**Irrigation** (Manuel pratique d'), par J. Deby, professeur d'agriculture à l'École centrale. 1 volume avec 100 gravures.        » 60

**Vaches laitières** (Choix des), ou *Description de tous les signes à l'aide desquels on peut apprécier les qualités lactifères des vaches*, par J. H. Magne, professeur à l'École vétérinaire d'Alfort. Édition revue, modifiée, et rendue applicable aux races belges. 1 volume avec planches.        » 40

**Maréchal ferrant** (Manuel du), par Brogniez, professeur à l'École de médecine vétérinaire de l'État. 1 volume avec 20 gravures.        » 30

**Hygiène publique et privée** (Manuel d'), *à l'usage des instituteurs et des communes rurales*, par le docteur Sovet, médecin de la Maison du Roi, membre de l'Académie royale de médecine. 1 volume avec gravures.        » 75

> Ouvrage approuvé par le conseil supérieur d'hygiène publique.

**Forestier** (Manuel), par Clément, agronome du Roi. 1 volume
avec gravures.                                           » 30

> Ce volume traite de la science, de la production et de l'économie
> forestières.

**Engrais et amendements** (Traité des), par Fouquet,
directeur de l'École d'agriculture de Tirlemont.

> 1re partie. — *Engrais de ferme.* — 2me partie. — *Engrais
> divers.* 2 volumes avec gravures.                     1 45

**Instruments d'agriculture** (Traité des), par Max. Le Docte,
agronome, secrétaire perpétuel de la Société centrale d'agriculture. 1 fort volume avec 95 gravures.                    » 90

**Plantes oléagineuses** (Culture des), par Max. Le Docte.
1 volume avec gravures représentant les machines récemment
inventées pour le perfectionnement de cette culture.    » 35

**Manuel pratique de médecine vétérinaire.**

> 1re partie. — *Des animaux domestiques à l'état de santé.*
> — 2me partie. — *Des animaux domestiques à l'état de
> maladie, ou pathologie.* 2 volumes.                   2   »

**Les instruments d'agriculture à l'Exposition univer-
selle de Londres,** par un constructeur belge. 1 volume
avec 43 gravures.                                        » 55

**Vigne** (Culture de la) **et fabrication des vins,** par
P. Joigneaux, agronome-cultivateur, l'un des auteurs du
*Dictionnaire d'Agriculture,* rédacteur en chef de la *Feuille
du Cultivateur.* 1 volume.                              » 30

**Culture maraîchère** (Manuel de), par Rodigas, professeur
d'agriculture à l'École normale de Lierre. 1 volume de 430
pages avec 54 grav., 2e édition, revue et augmentée : suivie du
plan d'un jardin maraîcher à assolement quadriennal.    2   »

**Traité de la culture du mûrier et de l'éducation des
vers à soie en Belgique,** résumé des meilleurs auteurs
français et italiens, par A. Ronnberg, chevalier de l'Ordre
de Léopold et de la Légion d'Honneur, président du premier
district agricole du Brabant. 1 volume avec 43 gravures. 1  »

**Drainage** (Traité de), ou **essai théorique et pratique sur l'assainissement des terres humides,** par J. Leclerc, chevalier de l'ordre de Léopold, ingénieur des ponts et chaussées, chef du service de drainage en Belgique, membre du conseil administratif de la Société centrale d'agriculture, 2ᵉ édition. 1 vol. de 354 pages et 127 grav.        2 »

**Plantes-racines** (De la culture des), par Max. Le Docte, agronome-cultivateur, secrétaire perpétuel de la Société centrale d'agriculture. 1 volume avec 24 gravures.        » 90

**Arbres fruitiers** (De la culture des), par P. Joigneaux, agronome-cultivateur, rédacteur en chef de la *Feuille du Cultivateur*, l'un des auteurs du *Dictionnaire d'Agriculture*. 1 volume avec 14 gravures.        » 50

**Contructions rurales** (Manuel des), par H. Duvinage, ingénieur civil, ancien architecte attaché à la Maison du Roi des Belges, membre de plusieurs sociétés savantes de France et de Belgique. 1 volume de 550 pages et 198 gravures. 2ᵉ édition.        3 »

> Cet ouvrage spécial sur l'architecture des campagnes comprend les principes de la construction et de la bonne disposition des bâtiments en général — maison d'habitation — écuries — étables — porcheries — bergeries — parcs à mouton — hangards — puits — abreuvoirs — citernes — lavoirs — glacières — puisards — constructions destinées aux récoltes — poulaillers — colombiers — plantations d'avenues — chemins d'exploitation, etc., etc.
>
> Un chapitre spécial est consacré à la législation et aux coutumes rurales.

**Graminées** (Traité des) **céréales et fourragères que l'on rencontre en Belgique,** *avec des observations sur les variétés nouvelles,* par M. De Moor, médecin vétérinaire du gouvernement, secrétaire du comice agricole du 5ᵉ district de la Flandre orientale, 1 volume avec 205 grav.        2 50

> L'ouvrage est divisé en trois parties : la 1ʳᵉ partie est consacrée à l'étude de la nomenclature des organes des graminées, des formes et des positions qu'elles affectent ; la 2ᵉ partie, outre la description complète des genres et des espèces, comprend quelques tableaux qui facilitent les recherches des tribus, des genres et des espèces ; enfin, dans la 3ᵉ partie l'auteur indique tout ce que l'on sait aujourd'hui sur les stations, les propriétés et le rendement des espèces et des variétés, d'après les observations consignées dans les meilleurs travaux récents sur l'économie rurale.

**Arpentage et nivellement** (Traité pratique d'), *à l'usage des agriculteurs*, par J. M. J. LECLERC, chevalier de l'ordre de Léopold, ingénieur des ponts et chaussées, chef du service de drainage, membre du conseil administratif de la Société centrale d'agriculture, et TOUSSAINT, géomètre-arpenteur, attaché au département de l'intérieur. 1 volume avec 128 gravures et 4 planches (dont une coloriée).                    1 50

> L'ouvrage est divisé en 3 parties principales : la première est consacrée à l'arpentage ; la seconde traite du nivellement ; la troisième contient des notions sur le dessin, la copie et la réduction des plans. — La 1re partie se subdivise elle-même en 3 sections distinctes. Dans la première sont exposées les notions préliminaires sur les lignes et sur les angles, en même temps que toutes les considérations qui se rapportent aux instruments servant à mesurer ces deux espèces de grandeur. — La deuxième section expose les méthodes principales suivies pour lever les plans, c'est-à-dire la partie de l'arpentage qui consiste à représenter graphiquement les formes et les dimensions des terrains. — Enfin, la troisième section comprend l'arpentage proprement dit ou les méthodes qui servent à l'évaluation de la superficie des terres et au partage des propriétés.

**Oiseaux de basse-cour.** *De l'élève des poules*, par le baron E. PEERS, chevalier de l'ordre Léopold, président de la commission provinciale d'agriculture de la Flandre occidentale ; suivi de *Notices sur les oies, les canards, les pintades, les dindons, les pigeons.* 1 volume de 190 pages et 13 grav.  1 »

**Culture du lin** (Traité de la) **et différents modes de rouissage,** par J. DEMOOR, secrétaire du 5me district agricole de la Flandre orientale, auteur du *Traité des Graminées céréales et fourragères.* 1 volume de 150 pages avec gravures.      » 75

**Catéchisme agricole**, par VICTOR VAN DEN BROECK, docteur en médecine, professeur de chimie et de métallurgie à l'École des mines du Hainaut, membre du conseil administratif de la Société centrale d'agriculture, membre de l'Académie royale de médecine, etc., etc. 1 volume de 174 pages.      » 75

> Cet ouvrage comprend les notions les plus élémentaires sur l'agriculture considérée dans ses rapports avec les sciences naturelles. — La forme de questionnaire que l'auteur a choisie rend ce travail très-convenable pour les établissements d'instruction primaire, ou l'on comprend maintenant la nécessité d'introduire dans l'enseignement des données générales sur l'agriculture

**Laiterie** (La). Notions pratiques sur l'art de faire le beurre et de fabriquer les fromages. — Manière de traiter le lait et la crème. — Battage du beurre. — Procédés de salaison et de conservation. — Moyens de remédier à la rancidité, etc.; par P. A. de Thier, membre de la Commission d'agriculture de la province de Liége, du Conseil administratif de la Société centrale d'agriculture de Belgique, secrétaire de la Section verviétoise de la Société agricole de l'Est, etc., etc. 2ᵉ édition, augmentée. 1 volume de 60 pages avec gravures.        75

**Médecin des Campagnes** (*Le*), indiquant les *caractères distinctifs des maladies, le traitement familier des affections légères, les soins à donner avant l'arrivée du médecin dans les affections graves, les précautions à prendre pendant la convalescence, les remèdes qu'il importe d'avoir chez soi;* par le docteur CHARLES MOREAU, *collaborateur du Dictionnaire d'Agriculture.* 1 vol. in-18 de 360 pages.        2 »

**Du traitement des porcs** aux différentes époques de l'année, suivant leur âge, en santé et maladies — naissance, sevrage, élevage, engraissement, mort — d'après la méthode anglaise; extrait des meilleurs ouvrages anglais et traduit par J. A. G. 1 volume orné de 30 gravures.        1 25

**De la culture perfectionnée du froment,** par JETHRO TULL, traduit de l'anglais sur la quatorzième édition par le baron E. Peers, chevalier de l'ordre de Léopold, président de la commission provinciale d'agriculture de la Flandre occidentale. 1 volume.        » 40

**Économie** (l') **du ménage** ou **principes d'économie populaire,** par GERARDI, président du comice agricole de Virton. 1 volume de 270 pages.        1 50

Des différentes espèces de pain et de leur fabrication — soupes, potages, etc., — pommes de terre et fécules — maïs et riz — boissons économiques — cidre et poiré — vinaigres — recettes diverses — approvisionnements — falsifications — denrées importantes à introduire dans l'alimentation — culture, fabrication, usages et inconvénients du tabac.

**De l'éducation des abeilles** ou **apiculture,** par P. JOIGNEAUX, 1 volume.        1 »

**Culture, alcoolisation** et **panification** du **topinambour,** par P. TH. DELBETZ, membre de l'Académie nationale agricole de France. 1 volume.        1 25

**Les champs et les prés,** *traité élémentaire d'agriculture,*
par P. JOIGNEAUX, rédacteur en chef de la *Feuille du Culti-*
*vateur,* 2e édition complétement revue. 1 volume.　　　1 »

> Sols et sous-sols — labourage et assainissement — engrais végétaux
> — engrais végéto-animaux — urines et excréments — engrais animaux
> proprement dits — cendres des végétaux, de suie — semis, plantations
> et récoltes — racines — légumineuses de table — plantes fourragères
> — plantes oléagineuses — plantes textiles — plantes tinctoriales — prai-
> ries naturelles ou permanentes.

**Les Fumiers couverts,** *ou méthode pour traiter les engrais*
*de ferme,* suivi d'un court aperçu sur le développement qu'ils
sont appelés à donner à l'agriculture ; par le baron E. PEERS,
chevalier de l'ordre de Léopold, président de la commission
provinciale d'agriculture de la Flandre occidentale, inspecteur
du haras de l'État. 1 vol. avec planche gravée.　　　» 50

**Zootechnie générale.** — *Reproduction, amélioration et*
*élevage des animaux domestiques,* traduit de l'allemand
d'Auguste de Weckherlin, ancien directeur de l'institut agronomique de Hohenheim, conseiller intime de S. M. le roi de
Wurtemberg, précédé d'une préface de P. S. J. Verheyen,
président de la commission provinciale d'agriculture de la
Flandre du Brabant, ancien directeur et professeur à l'école
vétérinaire de Belgique, inspecteur du service vétérinaire de
l'armée belge. 1 volume de 216 pages.　　　2 »

Sous presse :
*De la nutrition des végétaux.*

# BIBLIOTHÈQUE DU CULTIVATEUR.

PUBLIÉE AVEC LE CONCOURS DU MINISTRE DE L'AGRICULTURE
DE FRANCE.

(Format in-18.)

**Animaux domestiques,** — Zootechnie générale, — hygiène
et extérieur du cheval, élevage, entretien, utilisation du cheval,
de l'âne et du mulet, par LEFOUR. — 2 volumes. — 180
et 220 pages, 55 et 89 gravures.　　　2 50

**Animaux utiles,** Domestication et naturalisation, par ISIDORE
GEOFFROY de Saint-Hilaire. 3e édition 1 vol. de 204 pages
avec gravures.　　　1 25

**Champs** (*Travaux des*). Éléments d'agriculture pratique, par Victor Borie, rédacteur du *Journal d'Agriculture pratique*. 1 volume de 230 pages et 150 gravures.  1 25

**Économie domestique,** par Mme Millet-Robinet. 1 vol. 234 pages, avec 21 grav.  1 25

**Éleveur de bêtes à cornes** (*L*), par Villeroy. 2e édition, 438 pages et 60 gravures.  1 25

**Fermage** (*Estimation*, *Plans d'améliorations*, *Bail*), par de Gasparin. 3e édition, 384 pages.  1 25

**Fruits** (*Conservation des*), par Mme Millet-Robinet, auteur de *la Maison rustique des Dames*, 180 pages.  1 25

**Géométrie agricole** (*Dessin linéaire*, *Arpentage*, *Toisé*), par Lefour. 220 pages et 150 gravures.  1 25

**Houblon** (*Culture du*), par Erath ; traduit de l'allemand, par Napoléon Nickles. 136 pages et 22 gravures.  1 25

**Métayage,** par de Gasparin, 2e édition, 166 pages.  1 25

**Oiseaux de basse-cour et lapins,** par Mme Millet-Robinet. 3e édition, 204 pages et 11 gravures.  1 25

**Pêcheur** (*Le*), **à la mouche artificielle et à toutes lignes** par de Massas. 204 pages et 27 gravures.  1 25

**Sol et engrais,** par Lefour. 204 pages et 36 gravures.  1 25

# BIBLIOTHÈQUE DU JARDINIER.

### PUBLIÉE A PARIS,

#### SOUS LA DIRECTION DE MM. DECAISNE ET VILMORIN,

**Asperge** (*Culture de l'*), par Loisel ; in-18 de 108 pages et 6 gravures.  1 25

**Melon** (*Culture sous cloche*, *sur butte et sur couche*), par Loisel, 4e édition, in-18 de 112 pages et 3 gravures.  1 25

**Chimie et physique horticoles,** par Dehérain, in-18 de 120 pages et 11 gravures.  1 25

**Greffe** (*Traité de la*), par Noisette. In-18 de 237 pages et 6 planches.  1 25

**Pépinières** (*Des*), par Carrière, in-18 de 148 pages et 16 gravures.  1 25

**Pelargonium,** — Distribution — Nomenclature — Culture, par Thibault, horticulteur. in-18 de 110 p. et grav.  1 25

# BIBLIOTHÈQUE FRANÇAISE DE L'AGRICULTEUR PRATICIEN.

**Abeilles** (*Guide de l'éleveur d'*), suivi de la **Ruche des jardins**, par Auguste Dufrarière. 1 vol. in-18. » 75

**Alcoolisation du maïs et sorgho sucré**, par Duret. in-18. » 75

**Amendements et prairies.** Traité populaire, extrait des œuvres de Jacques Bujault. 1 vol. in-18. » 60

**Bétail en ferme** (*Du*). Traité populaire, extrait des œuvres de Jacques Bujault, mis en ordre par N. Basset. 1 vol. » 60

**Caille** moyen de lui faire produire de trente-cinq à quarante petits et **Perdrix** (de cinquante-cinq à soixante petits en domesticité, par l'abbé Allary. 1 vol. avec fig. 1 25

**Champignons comestibles et vénéneux** (*Traité élémentaire des*), par Duplis. 1 vol. in-18 avec 16 fig. color. 1 75

**Dindons et pintades** (*Guide de l'éleveur des*), par Mariot Didieux. 1 vol. in-18. » 75

**Drainage.** L'art de tracer et d'établir des drains, par J. Cavannavoinnet. in-18 avec 160 fig. 3 »

**Fumier de ferme** (*Le*), par Quénard. 2ᵉ édition in-18. 1 25

**Maïs** sa culture et ses divers emplois, par W. Kleine et A. de Thier. in-18. » 30

**Moutons** (*Guide de l'éleveur et de l'engraisseur de*), par J. Legendre, in-18 avec fig. 1 »

**Pigeons de colombier et de volière** (*Guide de l'éleveur des*), par Mariot-Didieux. 1 vol. in-18. » 75

**Pisciculteur** (*Guide du*), d'après des notes et des documents fournis par J. Remy, pêcheur de la Bresse, recueillis et publiés par le docteur Haxo. 1 vol. in-18 avec grav. 1 50

**Poules, poulets,** etc. (*Guide de l'éleveur des*), par Aubriet, professeur de zootechnie, à Grignon. 1 vol. in-18. » 75

**Récoltes** (*Des*) **dérobées,** *comme fourrages et en mais verts en général, et culture de la moutarde blanche, du sarrasin et de la spergule en particulier*, par J.-B.-E. 1 v. in-18. » 75

**Système Gasparin** en forme de catéchisme, à l'usage des élèves des Fermes-Écoles, par Anacharsis Combes. 1 vol. in-18. » 30

**Visite à un véritable agriculteur-praticien**, par Durand-Savoyet. 1 vol. in-18. 1 25

REVUES PÉRIODIQUES.

# JOURNAL

# D'AGRICULTURE PRATIQUE

## DE FRANCE.

FONDÉ EN 1837 PAR LE DOCTEUR BIXIO,

**Publié actuellement sous la direction de M. BARRAL, ancien élève et répétiteur de l'école Polytechnique.**

*Le Journal d'Agriculture pratique de France* paraît le 5 et le 20 de chaque mois en un cahier de 48 pages format in-8° avec de nombreuses gravures très-soignées. Il forme tous les ans deux beaux volumes de 500 pages chacun.

Outre de nombreux articles ou mémoires sur toutes les questions que peuvent présenter la culture des céréales et des plantes, l'élève du bétail, la fabrication des instruments aratoires, les industries annexées aux exploitations rurales, les irrigations, le drainage, etc., etc., le *Journal* publie régulièrement,

*Tous les quinze jours :*

1° Une *Chronique agricole*, rédigée par M. BARRAL, rapportant les faits nouveaux qui se sont produits dans le monde agricole et résumant les travaux des comices ;

2° Une *Revue commerciale*, par M. BORIE, contenant la seule mercuriale qui, jusqu'à ce jour, s'occupe de tous les marchés de France et des principaux marchés de l'étranger.

3° Une *Revue commerciale de l'Algérie*, par M. Jules DUVAL.

*Tous les mois :*

1° Une *Revue bibliographique* des publications agricoles, rédigée suivant leur spécialité, par les collaborateurs du Journal ;

2° Une *Revue des travaux des Comices et des Sociétés agricoles françaises et étrangères;* par Eugène MARIE et Eugène RISLER ;

3° Une *Revue de jurisprudence agricole*, par M. Victor LEFRANC :

4° Une *Chronique agricole de l'Angleterre*, par M. DE LA TRÉHONNAIS (de Falmouth) :

5° Une *Revue météorologique agricole* du mois précédent, donnant les observations journalières de la température, de la pluie, du vent, etc., pour vingt points choisis sur la surface de la France, et indiquant exactement la situation des récoltes en terre et l'influence exercée sur les plantes par les circonstances météorologiques ;

6° Un *Calendrier agricole*, donnant successivement pour toutes les parties de la France les travaux qui doivent s'exécuter le mois suivant, calendrier dont la rédaction a été acceptée par MM. DE GASPARIN, HEUZE, MOLL, VILLEROY, etc.

7° Une *partie officielle*, contenant les lois, décrets, et règlements relatifs aux questions agricoles.

*Tous les trois mois :*

1° Une *Chronique horticole :* MM. NAUDIN et BORIE, y rendent compte des nouveautés que présente l'horticulture ;

2° Une *Chronique séricicole*, où MM. ROBINET et Eugène ROBERT racontent les progrès de l'industrie de la soie ;

3° La liste des principaux *brevets d'invention* délivrés pour machines agricoles, engrais, systèmes d'irrigation, etc. ;

4° Une *Chronique vétérinaire*, par M. BOULEY ;

5° Une *Chronique des courses*, due à M. Eugène GAYOT ;

6° Une *Chronique forestière*, où M. DELBET présente le résumé des faits qui intéressent les propriétaires de forêts, les maîtres de forges et le commerce de bois et charbons ;

7° Une *Chronique agricole algérienne*, rédigée par M. Jules DUVAL dans le but de faire connaître à la France les efforts que fait l'agriculture naissante des possessions africaines.

M. PAYEN rédige *tous les ans* un compte rendu détaillé des travaux de la Société centrale d'agriculture. Un article spécial est consacré aux *concours régionaux et généraux* d'animaux de boucherie ou reproducteurs. Les grandes expositions industrielles, les concours de la Société d'agriculture d'Angleterre et de Belgique, sont visités par des collaborateurs qui rendent compte de tous les faits importants qui s'y produisent.

Prix de l'abonnement annuel (janvier à décembre) *franco* pour la France et la Belgique :

SEIZE FRANCS.

# FEUILLE DU CULTIVATEUR.

RÉDACTEUR EN CHEF : P. JOIGNEAUX.

*La Feuille du Cultivateur* paraît tous les jeudis par 8 pages grand in-4° à 3 colonnes avec illustrations. — Prix de l'abonnement pour la Belgique : un an, 12 francs; six mois, 6 fr. 50 c. ; trois mois, 3 fr. 50 c. — Pour le Luxembourg : un an, 14 fr. 50 c.; six mois, 8 fr.; trois mois, 4 fr. 50 c. — Pour la France : un an, 17 fr.; six mois, 9 fr.; trois mois, 5 fr.

Ce journal fondé il y a plus deux ans, à Bruxelles, par M. P. Joigneaux, qui en est le rédacteur en chef, est spécialement consacré aux progrès de l'agriculture. M. Joigneaux, que sa collaboration au *Dictionnaire d'Agriculture* a suffisamment fait connaître en Belgique, est à la fois cultivateur, savant, expérimentateur zélé et intelligent, écrivain habile; son style concis et clair est à la portée de toutes les intelligences. Aussi peut-on considérer la *Feuille du Cultivateur* comme un journal essentiellement pratique.

En dehors de la partie qui concerne spécialement l'agriculture, la *Feuille du Cultivateur* comprend une série d'articles de médecine et pharmacie pratique, d'histoire naturelle, de variétés, etc., etc., à la portée de tous les cultivateurs.

**Journal de la Société centrale d'agriculture de Belgique,** contenant l'exposé des comptes rendus des séances et des actes de la Société, les décisions de son conseil administratif, le résumé de la correspondance, l'examen des principes, des découvertes, des faits pratiques qui dans les divers pays ont pour objet le progrès de l'agriculture. Ce journal paraît chaque mois en un cahier de 32 pages format in-8°; prix pour la Belgique : un an (janvier à décembre).     12 »

**Journal d'agriculture pratique de Belgique,** publié sous la direction de MM. CHARLES et EDOUARD MORREN. 9me année de publication, prix de l'abonnement annuel pour la Belgique (mai à avril).     10 »

Ce journal paraît par cahiers mensuels, format in-8° avec gravures.

**Journal des haras, des chasses et des courses de chevaux** *en Belgique* et dans les principaux pays de l'Europe : *Angleterre, France, Allemagne, Hollande, Hongrie,* etc. — Étude, éducation du cheval, du chien, — agriculture spéciale, — annales des haras, des chasses, des courses, — nouvelles des arts et des sciences, anecdotes, chroniques.

Ce journal paraît en livraisons mensuelles et forme au bout de l'année deux volumes in-8°.

Prix pour la Belgique : un an (janvier à décembre).          20 »

**Revue horticole de France,** *Journal d'Horticulture pratique,* rédigé par MM. Bossin, Durieu, Hérel, Lemg, Martin, Neumann, Pépin, Vilmorin, etc., sous la direction de M. Du-Breuil, paraissant le 1er et le 15 de chaque mois, en un cahier format in-8° avec de nombreuses gravures. Prix, franco, par an (pour la Belgique, janvier à décembre).          11 »

**Belgique horticole** *(La),* Journal des jardins, des serres et des vergers, par Charles et Édouard Morren. *La Belgique horticole* dont cinq volumes complets ont paru, et dont le sixième est en cours d'impression, se publie par livraisons mensuelles de 32 pages, format in-8°, chacune enrichie de deux planches coloriées. Prix pour la Belgique : un an (octobre à septembre).          11 »

Les volumes précédents se vendent le même prix.

**Flore des serres et des jardins de l'Europe,** publiée sous la direction de MM. Decaisne et Van Houtte. Description et figures des plantes les plus rares et les plus méritantes nouvellement introduites sur le continent ou en Angleterre.

Cette publication, ornée de planches coloriées, paraît en livraisons mensuelles dans deux éditions de même format et de même texte, ne différant l'une de l'autre que par le nombre de planches.

L'une des éditions contient de 9 à 10 planches coloriées par livraison. Prix de l'abonnement pour la Belgique.

Un an (janvier à décembre).          33 »

La seconde édition contient 2 planches coloriées par livraison. Prix de l'abonnement pour la Belgique (janvier à décembre).          10

**Journal d'horticulture pratique de la Belgique** ou *Guide des amateurs et des jardiniers,* publiée sous la direction de M. Gallotti, horticulteur et Directeur du Jardin Botanique de Bruxelles. Ce journal paraît par livraisons mensuelles format petit in-8° avec dessins coloriés. Prix de l'abonnement pour la Belgique : un an (mars à février).          6 »

(L'année courante 1856 est la treizième année de publication de ce journal).

**Pomologie belge et étrangère** (*Annales de*), publiées par la commission royale de pomologie, instituée par S. M. le Roi des Belges. Formant chaque année 12 livraisons, format in-8°, contenant chacune quatre planches coloriées. Prix de l'abonnement par an, pour la Belgique.

> Édition sur papier ordinaire,                      24 »
> —          grand papier,                           36 »

**Pescatorea**. Iconographie des Orchidées de la collection de M. Pescatore, au château de la Celle-Saint-Cloud; par MM. Linden, Luddemann, Planchon et Reichenbach; paraît par livraisons, chacune de 4 planches in-folio et texte. — Prix de l'abonnement pour la Belgique.

Un an (12 livraisons.)                               84 »

## CHEZ LE MÊME ÉDITEUR :

# CHOIX DE DIPLOMES

### RÉCEMMENT COMPOSÉS POUR LES

## LAURÉATS DES CONCOURS DE BÉTAIL, D'AGRICULTURE

## ET D'HORTICULTURE.

L'éditeur se charge des inscriptions spéciales que l'on désire faire figurer dans les diplômes.

# PUBLIÉS SUR L'AGRICULTURE

## EN BELGIQUE ET EN FRANCE.

**Abeilles** (*Éducation des*) ou **apiculture,** par P. Joigneaux. Voyez *Bibliothèque rurale*, page 8.

**Agriculteur commençant** (*Manuel de l'*), par Schwerz; traduit par Villeroy, cultivateur à Rittershof. 4ᵉ édition, in-12 de 332 pages. — Paris.                            1 75

**Agriculture** (*Cours d'*), par le comte de Gasparin, ancien pair de France, ancien ministre de l'intérieur et de l'agriculture, membre de l'Académie des sciences, de la Société centrale d'agriculture, etc. 5 forts vol. in-8° et pl. — Paris.    37 50

**Agriculture** (Traité élémentaire d'), par J. Girardin et A. Dubreuil. 2 gros volumes in-12 avec 842 figures dans le texte. Paris.                            15 »

**Agriculture allemande** (*L'*), ses écoles, son organisation, ses mœurs et ses pratiques les plus récentes, par Royer, inspecteur général de l'agriculture en France. Grand in-8° de 542 pages. — Paris.                            7 50

**Agriculture en Belgique** (*Essai sur l'amélioration de l'*), suivi d'un mémoire sur le défrichement des landes et bruyères, par Max Le Docte, secrétaire-perpétuel de la Société centrale d'agriculture. 1 vol. in-8° de 116 pages. — Bruxelles.   2 50

**Agriculture** (*Principes élémentaires d'*), par Schlidweiler. 1 vol. in-18. Bruxelles.                            1 50

**Agriculture** (*Manuel d'*), ou **traité élémentaire de l'art du cultivateur,** par M.-L. Moll, cultivateur. In-18 avec 50 figures. Bruxelles.                            1 25

**Agriculture luxembourgeoise** (*Exposé général de l'*, ou *Dissertation sur les meilleurs moyens de fertiliser les landes des Ardennes, sous le triple point de vue de la création de forêts, d'enclos, de rideaux d'arbres, de prairies et de terres arables, ainsi que sous le rapport de l'irrigation,* par Henri Le Docte, agronome. 1 vol. in-8°. — Bruxelles.    3 »

**Agriculture de l'Ouest de la France,** par Jules Rieffel, 1843 à 1847. 5 volumes in-8°. — Paris.      25 »

**Agriculture** (*Éléments d'*) *considérée dans ses rapports avec les sciences naturelles,* par Victor Van den Broeck, 1 vol. in-18 de 352 pages. — Bruxelles.      2 25

**Agriculture pratique** (*Préceptes d'*) de Schwerz, directeur de l'Institution royale d'expériences et d'instruction agricoles de Hohenheim, trad. de l'allemand par P. R. de Schauenburg, député, cultivateur à Geudertheim. Les 4 parties ou volumes in-8°. — Paris.      19 »

> 1re partie. — CONNAISSANCE DES TERRES en agriculture, de la température et de ses effets, des amendements, des engrais; préparation des fumiers, leur valeur comparative et leur application. 1839.      5 »
>
> 2e partie. — Culture des PLANTES A GRAINS FARINEUX ou Céréales et Plantes à cosses ; assolements, labours, quantité de semence, récolte et son rendement ; de la paille, son rapport avec le grain, ses propriétés comme fourrage pour la nourriture des animaux. 1840.      6 »
>
> 3e partie. — Culture des PLANTES FOURRAGÈRES, leur récolte, leur conservation et leurs différents emplois économiques dans l'alimentation des chevaux et du bétail. 1841.      5 »
>
> 4e partie. — Culture des PLANTES ÉCONOMIQUES, OLÉAGINEUSES, TEXTILES ET TINCTORIALES, trad. par M. Lavergne. 1847, 1 vol. in-8°, avec figures.      3 50

**Agriculture** (*Cours d'*) (*Théorique et pratique ou Dictionnaire raisonné et universel d'Agriculture*), rédigé sur le plan de l'abbé Rozier, par les membres de la section d'agriculture de l'Institut de France. 16 vol. — Paris (1822.)  80 »

**Agronomie** (*Principes de l'*), par le comte de Gasparin, membre de l'Académie des sciences, de la Société centrale d'agriculture de France, un vol. in-8° de 284 pages. — Paris. — 3 75

> « Voilà plus de dix ans que la composition de mon Cours d'Agriculture est commencée. Depuis ce temps, de nombreuses recherches, des expériences importantes, des procédés nouveaux ont modifié en quelques parties la théorie et la pratique de la science. Mes anciens lecteurs doivent sentir comme moi le besoin d'une révision méthodique des principes qui y sont exposés. Le livre que je publie aujourd'hui est le résultat de cette révision. » Gasparin (*Préface de l'ouvrage.*)

**Alcool** (*De la production de l'*) par la distillation du jus de betterave, système champenois. 2e édition. 1 vol. in-18. Bruxelles.      1-50

**Ampélographie française,** comprenant la statistique, la description des meilleurs cépages, l'analyse chimique du sol, et les procédés de culture et de vinification des principaux vignobles de France. In-8° de 576 pages, 2° édition. Paris. 9 »

**Animaux domestiques** (*Reproduction, amélioration et élevage des*), par DE WECKHERLIN (*V.* Bibliothèque rurale, p. 9).

**Animaux domestiques** (*Histoire naturelle des*), par David Low, professeur d'agriculture à l'Université d'Edimbourg, traduit de l'anglais et annoté par Royer, inspecteur général de l'agriculture en France.

L'ouvrage se compose de 13 livraisons grand in-4°, savoir :
Races bovines, 5 livr., 22 planches coloriées et texte. 25 »
Races chevalines, 2 livr., 8 planches color. et texte. 10 »
Races ovines, 5 livr., 24 planches coloriées et texte. 25 »
Races porcines, 1 livr., 5 planches coloriées et texte. 5 »
Prix de l'ouvrage complet. 60 »

**Annales agricoles de Roville,** par MATHIEU DE DOMBASLE. 9 vol. in-8°. Paris. 61 50

**Annuaire des agriculteurs de Belgique pour 1853.** Voyez *Bibliothèque rurale*, page 3.

**Arboriculture** (*Manuel d'*). Voyez Bibliothèque rurale, page 4.

**Arbres forestiers** (*Traité des*) principalement employés à la plantation des routes avenues et parcs. — Essences appropriées à chaque terrain. — Description des espèces, leur valeur commerciale. — Principes généraux de culture. — Instruments. Élagages spéciaux — Maladies. — Insectes nuisibles, etc., etc., par le comte F. DU CHASTEL, ex-conservateur des plantations de l'État, membre du conseil administratif de la société centrale d'agriculture, chevalier de l'ordre royal et distingué de Charles III. Un volume petit in-8° de 428 pages. 2 »

**Arbres fruitiers** (*Culture des*). V. *Bibliothèque rurale*, p. 6.

**Arbres fruitiers** (*Cours pratique de la culture et de la taille des*) précédé de notions indispensables d'anatomie et de physiologie végétales, et suivi de renseignements pomologiques par X. DE GAVAY fils, Directeur des pépinières royales de Vilvorde, Directeur de l'École de taille et d'horticulture etc., in-18 de 176 pages. 2 »

**Architecture** (*l'*) **rurale,** par H. Duvivage, ingénieur civil, ancien architecte attaché à la maison du Roi des Belges, etc.

> Cet ouvrage spécial sur l'architecture des campagnes et des communes rurales, comprend les principes de la construction et de la bonne disposition des bâtiments en général. (Maison d'habitation, écuries, étables, hangars, jardins, constructions destinées aux récoltes, fabriques de tout genre, serres, orangeries, faisanderies, etc.); il s'occupe non-seulement des fermes et cottages, des maisons d'ouvriers, mais aussi des églises de village, presbytères, maisons d'école, enfin de tout ce qui de près ou de loin se rattache à la vie rurale.

L'*architecture rurale* (première partie) forme un fort volume de 800 pages grand in-8°, imprimé sur beau papier, et renfermera 300 planches de plans, coupes, élévations et détails de constructions, gravés par l'auteur.        25 »

**Arpentage et nivellement.** Voy. *Bibliothèque rurale*, p. 6.

**Arts agricoles,** 1 vol. in-4° de 500 pages et 350 gravures.   9 »

> (Forme le tome III de la *Maison rustique du xix⁰ siècle*.)

**Bêtes à cornes** (*Traité théorique et pratique de l'éleveur de*), manuel pouvant servir utilement à ceux qui désirent se livrer avec succès à cette branche de l'industrie agricole, par M.-J. Scheidweiler, professeur d'agronomie, in-8° de 230 pages. Gand.        3 »

**Bêtes à laine** (*Considération sur les*) et *Notice sur la race de la Charmoise*, par Malingié-Nouel, directeur de la ferme-école de la Charmoise. Gr. in-8°, avec lithog. — Paris.   3 »

**Bibliothèque rurale de Belgique** instituée par le Gouvernement. Voir page 3.

**Bière** (*La*). Fabrication. — Composition. — Diverses espèces de bières. — Effet général de la bière dans l'alimentation. — (leçons faites au Musée royal de l'industrie, par le professeur Charles Place). In-18 avec gravures. — Bruxelles.   » 50

**Bières** (*Traité complet de la fabrication des*), et de la distillation des grains, pommes de terre, betteraves, topinambours, etc., par G. Lacambre, 2ᵉ édition. 2 vol. gr. in-8°. — Bruxelles.        20 »

**Bon Jardinier** (*Le*) **pour 1857**, contenant les principes
généraux de la culture, l'indication, mois par mois, des travaux à faire dans les jardins; la description, l'histoire et la
culture de toutes les plantes potagères, fourragères, économiques ou employées dans les arts; des céréales; des arbres
fruitiers; des oignons et plantes à fleurs; des arbres, arbris-
seaux et arbustes utiles ou d'agrément; un vocabulaire des
termes de jardinage et de botanique; un jardin des plantes mé-
dicinales; un tableau des végétaux groupés d'après la place
qu'ils doivent occuper dans les parterres, bosquets, etc., par
Poiteau, Vilmorin, Decaisne, Neumann, Pepin. In-12 de
1,650 pages avec gravures. — Paris.                    7 »

**Bon Jardinier** (*Figures pour l'Almanach du*), contenant :
1° principes de botanique; 2° principes de jardinage, manière
de marcotter, greffer, disposer et former les arbres fruitiers;
3° construction et chauffage des serres; 4° composition et
ornement des jardins; 5° hydroplasie; 6° instruments et outils
de jardinage, par Decaisne, membre de l'Institut, professeur
de culture au Jardin des Plantes. 19ᵉ édition, entièrement refaite. In-12 de 424 pages, avec 632 gravures et 11 planches
gravées. — Paris.                                     7 »

**Botanique** (*Leçons élémentaires de*), fondées sur l'analyse de
50 plantes vulgaires et formant un traité complet d'organogra-
phie et de physiologie végétale, par Lemaout. Paris, 1844,
un magnifique volume in-8°, avec l'atlas colorié des 50 plantes
vulgaires et plus de 500 figures, dessinées par J. Decaisne.
Prix, avec l'atlas.                                    20 »

**Bovines Durham** (*Races*), par Lefebvre-Sainte-Marie, inspecteur général de l'agriculture en France. Publié par ordre
du ministre. Gr. in-8° de 352 pages et atlas in-folio de
15 planches. — Paris.                                 22 50

**Cadran de l'éleveur d'animaux domestiques.** Moyen de
se rendre compte immédiatement de l'époque de l'incubation
et de la gestation des femelles domestiques, indiquant l'âge des
animaux, *le système Guénon*, etc., par Lefour. Une feuille
in-plano sur carton et 23 gravures.                    1 75

**Cactées** (*Monographie de la famille des*), synonymie, méthodes
de classification, *Culture*, et Table alphabétique des espèces
et variétés; par Labouret. 1 vol. in-12 de 732 pages.   7 50

**Calendrier du bon cultivateur** (*Le*) ou *Manuel de l'agriculteur praticien*, par C. J. A. MATHIEU DE DOMBASLE, in-12, avec gravures. — Paris.     4 75

**Camellia** (*Monographie du genre*), par l'abbé BERLÈSE. 3ᵉ édition, revue, corrigée et augmentée d'une nouvelle classification et de 180 descriptions de variétés nouvelles inédites. In-8° de 340 pag. avec 7 planches. — Paris.     5 »

**Catéchisme agricole**, Voir Bibliothèque rurale, page 7.

**Catéchisme d'Agriculture**, par JOURDIER, 2ᵉ édition. In-18 avec 100 gravures. Paris.     1 »

**Champignons** (*Traité de la culture des*), par VICTOR PAQUET. In-12 de 280 pages, avec 9 gravures. — Paris.     3 50

**Champs et prés** (*les*), par P. JOIGNEAUX. Voir Bibliothèque rurale, page 9.

**Chaux** (*Emploi de la*). Voyez Bibliothèque rurale, page 3.

**Cheval** (*Choix du*), ou *Appréciation de tous les caractères à l'aide desquels on peut reconnaître l'aptitude des chevaux aux divers services*, par J.-H. MAGNE, professeur d'agriculture et d'hygiène à l'École impériale vétérinaire d'Alfort. 1 vol. in-12 de 160 pages et 3 pl. Prix.     3 »

**Cheval** (*Extérieur du*) et des principaux animaux domestiques, par LECOCQ, directeur de l'école impériale vétérinaire de Lyon. 3ᵉ édition, ornée de 155 fig. 1 vol. in-8° de 550 pages.     9 »

**Chimie agricole** (*Manuel de*). Voy. Bibliothèque rurale, p. 5.

**Chimie générale** (*Traité de*), comprenant les applications de cette science à l'analyse chimique, à l'industrie, à l'agriculture et à l'histoire naturelle, par PELOUZE et FRÉMY. 2ᵉ édition. Paris, 1854-1856, 6 vol. grand in-8° compactes, avec un atlas de 53 planches gravées en taille douce, par WORMSER.     48 »

**Chimie et physiologie végétales** (*Mémoire sur la*) **et sur l'agriculture**, par H. LE DOCTE, agronome-cultivateur, *en réponse à la question suivante proposée par l'Académie royale de Belgique :*

> « Exposer et discuter les travaux et les nouvelles vues des physiolo-
> « gistes et des chimistes sur les engrais et sur leur faculté d'assimilation
> « dans les végétaux ; indiquer, en même temps, ce que l'on pourrait faire
> « pour augmenter la richesse de nos produits agricoles ? — L'Académie
> « demande que le travail soit appuyé d'expériences .»
> (Cet ouvrage a obtenu la médaille de vermeil au concours de 1848.)

1 vol. in-8° de 300 pages. — Bruxelles.     5 »

**Chrysanthème** (*Culture du*) de l'Inde et de la Chine, par
Le Bois. 36 pages in-12.                                     » 75

**Comptabilité agricole.** Voyez Bibliothèque rurale, page 4.

**Conseils aux agriculteurs** sur l'art d'exploiter le sol avec
profit, par Dezeimeris. 3e édition. In-12 de 654 pages.
— Paris.                                                      3 50

**Constructions rurales** (*Manuel des*). Voy. Bibl. rur., pag. 6.

**Cours d'eau** (*Modifications à apporter à la législation des*) non
navigables ni flottables, considérée dans ses rapports avec
les intérêts de l'agriculture, de l'industrie et de la salubrité
publique, par Victor Van den Broeck, 1 vol. in-8° de 282 p.
— Bruxelles.                                                  2 »

> (Ouvrage publié par ordre du Gouvernement.)

**Cultivateur améliorateur** (*Guide du*): par E. Lecouteux,
ancien directeur des cultures de l'Institut agronomique de
Versailles. 1 vol. in-8° de 350 pages. — Paris.              4 »

> Cet ouvrage considère le cultivateur *avant l'ouverture des opérations*,
> alors qu'il s'agit d'étudier la terre, de distribuer les capitaux entre les
> divers services du domaine, de prendre possession comme propriétaire
> ou comme fermier, de jeter, en un mot, les *bases de l'entreprise rurale*.
> Il sert donc d'introduction aux *principes de la culture améliorante* du
> même auteur.

**Culture améliorante** (*Principes économiques de la*), par
E. Lecouteux, ancien directeur des cultures de l'Institut
agronomique de Versailles. 1 v. in-12 de 346 p. —Paris. 2 50

> Cet ouvrage fait suite au *Guide du cultivateur améliorateur* par le
> même auteur. Il s'adresse aux cultivateurs qui ont déjà assis les bases
> de leur entreprise.

**Culture au plantoir mécanique et au rayonneur-sar-
cloir.** *Exposé du système, avantages, résultats,* avec
une instruction pratique sur l'emploi des instruments, par
H. Le Docte, ex-directeur de l'École d'agriculture de Thourout,
membre du Conseil administratif de la Société centrale d'agriculture. In-8° avec gravures. — Bruxelles.                   1 »

**Culture** (*Manuel de*). Voyez *Bibliothèque rurale*, page 3.

**Culture maraîchère** (*Nouveau traité complet de*). Voyez *Bibliothèque rurale*, page 5.

**Culture potagère**, par P. JOIGNEAUX, l'un des auteurs du *Dictionnaire d'Agriculture*. In-18. — Bruxelles.    1 50

**Culture ordinaire et forcée de toutes les plantes potagères connues**, contenant en outre l'usage et la manière d'utiliser toutes ces plantes pour la nourriture de l'homme, par F. GERARDI, président du comice agricole de Virton. 1 fort volume in-12 avec plus de 200 gravures.    3 »

**Cultures industrielles** (voir *maison rustique*, tome III.)

**Dahlias** (*Manuel du cultivateur de*), par LEGRAND. 2ᵉ édition, revue et corrigée par PEPIN, chef des cultures au Jardin des Plantes de Paris. In-12 de 156 p. et 36 grav. — Paris.    1 25

**Défrichement** (*Observations pratiques sur le*). *Recherches sur la véritable cause de l'abandon de tant de milliers d'hectares de terre en friche, situés au milieu des peuples les plus civilisés de l'Europe*, par le comte WALÉRY DE ROTTERMUND, membre de la Commission provinciale d'agriculture de Liége, de la Société d'agriculture de l'Est de la Belgique, du Conseil administratif de la Société centrale d'agriculture de Belgique, et membre suppléant au Conseil supérieur d'agriculture. 1 vol. in-8° de 70 pages, imprimé avec luxe. — Bruxelles.    3 »

**Dictionnaire général de Médecine et de Chirurgie vétérinaires** *et des sciences qui s'y rattachent : Anatomie — Physiologie — Chirurgie — Physique — Chimie — Botanique — Matière médicale — Pharmacie — Hygiène — Économie rurale*, etc., par MM. LECOQ, REY, TISSERANT, TABOURIN, directeur et professeurs à l'école nationale vétérinaire de Lyon. (Ouvrage adopté par les écoles vétérinaires de France.) — Un gros volume in-8° de 1160 pages formant la matière de six volumes ordinaires du même format.    15 »

**Dictionnaire d'agriculture pratique**, comprenant tout ce qui se rattache à la grande culture, au jardinage, à la culture des arbres et des fleurs, à la médecine humaine et vétérinaire, à la botanique, à l'entomologie, à la géologie, à la chimie et à la mécanique agricoles, à l'économie rurale, etc., par P. JOIGNEAUX, agronome-cultivateur, auteur de : *les Champs et les Prés*, *les Vignes et les Vins en Belgique*, *la Culture des Arbres fruitiers*, *l'Éducation des Abeilles*, etc., rédacteur en chef de *la Feuille du Cultivateur*, et CH. MOREAU, docteur en médecine, auteur du *Médecin des Campagnes*. 2 forts volumes grand in-8° avec gravures, imprimés sur 2 colonnes.                                        20 »

Des livres spéciaux ont été publiés sur la plupart des matières agricoles, mais fussent-ils parfaits à leur point de vue, ces livres ont un grand inconvénient pour le cultivateur. En effet, on ne s'occupe pas uniquement de grande culture dans une maison d'exploitation bien conduite; on s'y occupe d'élève du bétail, d'engraissement, de jardinage, d'arbres fruitiers, d'oiseaux de basse-cour; on y élève des abeilles souvent, des vers à soie quelquefois; on y donne même des soins aux plantes d'agrément. Or, il est évident que, pour s'éclairer sur tout cela, on peut recourir à chacun des ouvrages traitant séparément de ces diverses matières mais avant de mettre la main sur la page dont on a besoin dans un moment donné, il faudra ou feuilleter des volumes, ou parcourir de l'œil des tables de matières qui ne finissent point. Voilà l'inconvénient. A la campagne, plus peut-être qu'à la ville, le temps est précieux, et l'on ne consent guère à chercher qu'à la condition de trouver vite.

C'est précisément cette considération qui a suggéré l'idée de simplifier le travail des recherches en plaçant sous le même couvert, dans un même ouvrage, et par ordre alphabétique, ce qui peut intéresser le cultivateur. Un DICTIONNAIRE D'AGRICULTURE, où toutes les questions sont traitées, est donc, de l'aveu de chacun, le livre le plus facile à consulter. Tous les mots, tous les sujets qui vous intéressent sont là sous votre main. Vous n'avez qu'à l'ouvrir, et vous trouvez en quelques minutes les renseignements dont vous avez besoin.

**Drainage** (*Manuel de*). Voyez *Bibliothèque rurale*, page 5.

**Drainage** (*Traité complet de*). V. *Bibliothèque rurale*, page 6.

**Drainage des terres arables**, par J.-A. BARRAL. 2e édition, 3 vol. in-12 avec gravures et planches.                       15 »

**Économie du ménage** (*l'*) *principes d'économie populaire*. Voir *Bibliothèque rurale*, page 8.

**Économie rurale** (*Cours d'*), professé à l'Institut agricole de Hohenheim, par M. Goeritz ; traduit sur manuscrit allemand, par Jules Rieffel, directeur de la ferme régionale de Grand-Jouan. (*Dernière édition.*) 2 vol. in-18 de 250 et de 305 pages, avec planches explicatives. — Bruxelles.      4 »

L'auteur s'est attaché à traiter les points suivants :

Connaissance des circonstances générales, naturelles, commerciales et pratiques ; influence de ces circonstances sur l'ensemble d'une exploitation agricole. — Étendue et constitution du domaine. — Organisation et système d'exploitation ; appréciation de cette organisation ; causes d'accroissement et d'affaiblissement. — Travaux et forces nécessaires à l'entrepreneur ; organisation de son personnel. — Économie du bétail, choix des bestiaux ; nombre, composition des troupeaux ; valeurs. — Capitaux nécessaires, leur emploi. L'entrepreneur, propriétaire, fermier ou régisseur.

**Économie rurale** (*Essai sur l'*) **de l'Angleterre, de l'Écosse et de l'Irlande,** par M. Léonce de Lavergne. — 2e édition. 1 vol. in-18 de 500 pages. — Paris.      3 50

**Économie rurale,** considérée dans ses rapports avec la chimie, la physique et la météorologie, par J.B. Boussingault. — 2e édition. — 2 gros vol. in-8°. Paris.      15 »

**Engrais artificiels** (*Des*), par Justus Liebig, professeur à l'Université de Giessen, etc., traduit de l'allemand ; in-8°. — Bruxelles.      » 75

**Engrais et amendements.** V. *Biblioth. rurale,* pag. 5 et 6.

**Engrais des villes** (*Les*), considérés dans leurs rapports avec la salubrité publique, les finances communales et la richesse agricole, par J. Jooris, avocat, membre du conseil administratif de la Société centrale d'Agriculture, brochure in-8° de 40 pages.      » 60

**Entomologie agricole,** par Gustave Beaufays, agronome ex-professeur d'agriculture. In-18.      » 50

**Fille** (*La*) **de basse-cour,** contenant des instructions pour élever, nourrir, engraisser, tous les animaux de la basse-cour : poules, dindons, pintades, faisans. perdrix, cailles, paons, cygnes, oies, canards, pigeons, lapins, vaches et cochons ; pour en tirer le plus grand produit ; pour guérir leurs maladies, pour distinguer les principales races, etc., in-18 de 325 pages. — Paris.      3 »

**Flore des jardins et des champs,** accompagnée des clefs analytiques conduisant promptement à la détermination des familles et des genres, et d'un vocabulaire des termes techniques, par Emmanuel Lemaout, médecin, membre de la Société philomatique, et J. Decaisne, membre de l'Académie des sciences, professeur de culture au Muséum. 2 gros volumes in-18.          9 »

**Flore belge,** par M.-A.-L.-S. Lejeune, docteur en médecine, chevalier de l'Ordre de Léopold, décoré de la croix de fer, etc., membre de l'Académie royale des sciences, lettres et beaux-arts de Belgique, de l'Académie impériale des curieux de la nature, etc., etc., auteur de la *Flore des environs de Spa*, et R. Courtois, docteur en médecine. 3 vol. in-12.          15 »

> Cette flore où les plantes sont classées suivant le système de Linné et caractérisées par des descriptions courtes et concises à l'exemple de ce savant naturaliste, est aussi utile aux étudiants en sciences naturelles, en Médecine et en Pharmacie, qu'aux personnes qui veulent s'adonner à l'étude des richesses végétales de la Belgique. Les stations sont indiquées scrupuleusement par les auteurs, qui n'ont décrit que les plantes constatées par eux.

**Forestier** (*Manuel*). Voy. *Bibliothèque rurale*, page 5.

**Forestiers** (*Arbres*), par le comte Ducnastel (Voir p. 19).

**Forêts** (*Traité de la culture des*), avec des recherches sur la valeur progressive des biens-fonds et des bois, depuis le XIII<sup></sup> siècle jusqu'à nos jours; ouvrage contenant un essai descriptif des forêts de l'Europe et des autres pays, un traité de la croissance des arbres, des diverses méthodes d'aménagement, etc., par M. Nornot. 2<sup></sup> édit., in-8°. — Paris.   7 50

**Froment** (*Culture du*). Voyez *Bibliothèque rurale*, page 8.

**Fuchsia** (*Histoire et culture du*). Description de 520 espèces et variétés, par Porcher. In-12 de 76 pages.          1 25

**Fumiers couverts.** (Voir *Bibliothèque rurale*, page 9.)

**Graminées céréales et fourragères** (*Traité des*). Voyez *Bibliothèque rurale*, page 6.

**Guide des cultivateurs** (*Le véritable*), ou *Vie agricole de Jacques Gouyer, dit le paysan philosophe*, avec des notes, par DEZEIMERIS. 2ᵉ édit., in-12 de 248 pages. — Paris,     1 75

**Histoire naturelle** (*Cours élémentaire d'*), adopté par le Conseil supérieur de l'instruction publique et approuvé par Monseigneur l'Archevêque de Paris. 3 vol. gr. in-18.

   **Zoologie**, par M. MILNE EDWARDS, 7ᵉ édition (1855), avec 473 figures.     6 »

   **Botanique**, par M. A. DE JUSSIEU, 6ᵉ édition (1855), avec 812 figures.     6 »

   **Minéralogie** et **Géologie**, par M. BEUDANT, 6ᵉ édition (1854), avec figures.     6 »

**Horticulture** (*Théorie de l'*). Essais descriptifs, selon les principes de la physiologie, des principales opérations horticoles, par JOHN LINDLEY, traduit de l'anglais, par LEMAIRE. Grand in-8° de 450 pages et 37 gravures. — Paris.     7 50

**Horticulture** (*Encyclopédie d'*), par BIXIO et YSABEAU. 2ᵉ édition. 1 vol. in-4° de 514 pages, avec 500 grav.     9 »

   Forme le 5ᵉ volume de la *maison Rustique*.

**Hygiène** (*Manuel d'*). Voyez *Bibliothèque rurale*, page 4.

**Hygiène vétérinaire appliquée** ( *Traité d'* ); Études de règles d'après lesquelles il faut diriger le choix, le perfectionnement, la multiplication, l'élevage, l'éducation du cheval, de l'âne, du mulet, du bœuf, du mouton, de la chèvre, du porc, etc., par MAGNE, professeur à l'école vétérinaire d'Alfort, 2ᵉ édition. 2 volumes in-8° avec figures dans le texte. Paris.     16 »

**Inoculation de la pleuropneumonie exsudative,** d'après le procédé du docteur Willems. Rapports et documents officiels.     2 »

**Instruments d'agriculture** V. *Bibliothèque rurale*, page 5.

**Irrigation** (*Manuel d'*). Voyez *Bibliothèque rurale*, page 4.

**Irrigation** (*Traité pratique de l'*) **des prairies,** par J. KEELHOFF, chevalier de l'ordre de Léopold, ingénieur, chargé par le Gouvernement du service des irrigations de la Campine. 1 vol. in-8° avec atlas composé de 150 figures dessinées sur une grande échelle et exactement cotées. — Bruxelles.     8 »

   Cet ouvrage a obtenu la médaille d'or au concours agricole universel de Paris.

**Italie** (L') *agricole, industrielle et artistique*, à propos de l'Exposition universelle de Paris, suivi d'un essai sur l'Exposition du Portugal et de la liste des récompenses accordées aux divers exposants de 1855, par A. Escourou-Milliago, avocat. Un joli volume in-18 de 325 pages. Paris, 1856.   5 »

**Jardinage** (*Manuel pratique de*), par Courtois-Gérard. 4ᵉ édition, 400 pag. in-12 avec 37 gravures. — Paris.          3 50

**Jardinier des fenêtres,** *des appartements et des petits jardins* (Le). 3ᵉ édition, entièrement refaite, par Mᵐᵉ Cora Millet-Robinet. In-12 de 236 pages avec 52 grav. — Paris.   1 75

**Jardinier pratique** (le), ou Traité usuel des plantes utiles,

**Lin** (*Culture du*). Voyez *Bibliothèque rurale*, page 6.

**Lis** (*Histoire et culture des*), et *Culture des melons*, par Thierry, horticulteur. 1 vol. in-12 de 180 pages.          1 50

**Maïs** (*Culture du*), par Lelieur, in-12 de 68 p. Paris.    » 75

**Maison rustique du 19ᵉ siècle,** *l'ouvrage le plus complet sur l'agriculture*, contenant les meilleures méthodes de culture usitées en France et à l'étranger ; tous les procédés pratiques propres à guider le cultivateur, le fermier, le régisseur et le propriétaire, dans l'exploitation d'un domaine rural ; les principes généraux d'agriculture, la culture de toutes les plantes utiles ; l'éducation des animaux domestiques, l'art vétérinaire ; la description de tous les arts agricoles ; les instruments et bâtiments ruraux ; l'entretien et l'exploitation des vignes, des arbres fruitiers, des bois et forêts, des étangs ; l'économie, l'organisation et la direction d'une administration rurale ; la législation appliquée à l'agriculture ; tout ce qui a rapport au potager, au parterre, aux serres et aux jardins paysagers ; enfin l'indication des travaux de chaque mois pour toutes les cultures spéciales. 5 vol. in-4°, équivalant à 25 volumes in-8° ordinaires, avec plus de 2,500 gravures, représentant tous les instruments, machines, appareils, races d'animaux, arbres, arbustes et plantes, serres, bâtiments ruraux, etc., publiée sous la direction de MM. Bailly, Bixio et Malpeyre, avec le concours de toutes les sommités agronomiques de France.

Division de l'ouvrage :

Tome   I. — Agriculture proprement dite.

Tome II. — Cultures industrielles et animaux domestiques.

Tome III. — Arts agricoles.

Tome IV. — Agriculture forestière, étangs, administration et législation rurale.

Tome V. — Horticulture, travaux du mois pour chaque culture spéciale.

Les cinq volumes (ouvrage complet).      39 50

Chaque volume pris séparément.      9

*La Maison rustique du* xixe *siècle* est un ouvrage indispensable à toutes les personnes qui s'occupent d'agriculture ; les renseignements y abondent en toutes matières : c'est une bibliothèque complète à l'usage du cultivateur, et une bibliothèque composée par tous les hommes spéciaux.

*La librairie agricole* d'Émile Tarlier a publié un prospectus de 25 pages compactes, grand in-8°, comprenant la Table des matières des cinq volumes de la *Maison rustique*. Ce prospectus est envoyé gratis aux personnes qui en font la demande *franco*.

**Maison rustique des dames,** par M^me MILLET-ROBINET. 2^e édition, 2 vol. in-12 avec 220 gravures. — Paris.      7 50

Cet ouvrage est divisé en quatre parties, contenant : — la première, la *Tenue du ménage* ; — la seconde, le *Manuel de cuisine* ; — la troisième le *Traité de jardinage* et la *Direction de la ferme* ; — la quatrième, l'*Hygiène* et la *Médecine domestique.*

**Maréchal-ferrant** (*Manuel du*). V. *Bibliothèque rurale*, p. 4

**Médecin des campagnes** (*le*). V. *Bibliothèque rurale*, p. 8.

**Médecine vétérinaire** (Voir *Dictionnaire de*) page 24.

**Monographies agricoles** ou *Essais sur l'amodiation des biens communaux, la culture maraîchère, la vaine pâture, la police de la reproduction animale, les inondations et la pisciculture*, par M. BONNIER, juge de paix, président du Comice agricole de Condé, et membre de la Société impériale d'agriculture, sciences et arts de Valenciennes. 1 vol. in-18 de 168 pages.      1 »

**Mûrier et vers à soie.** Voyez *Bibliothèque rurale*, page 6

**Nivellement** (Voyez *Bibliothèque rurale*, page 6.)

**Noir animal.**—Analyse.—Emploi.—Vente, par Adolphe Bobierre, professeur de chimie, in-18 de 150 p.—Paris.      1 75

**Œillet** (*Monographie du genre*), **et principalement de l'œillet flamand,** par le baron DE PONSORT. 2^e édition, 1 vol. in-12 de 208 pages et 1 planche. — Paris,      1 25

**Œillet** (*Appendice à la monographie—mariage des fleurs, classification*). In-12 de 36 pages, avec 40 figures.      1 50

**Oiseaux de basse-cour.** Voyez *Bibliothèque rurale*, page 6.

**Orchidées** (*Culture des*), avec une liste descriptive d'environ

550 espèces et variétés classées par ordre de mérite, par
Ch. Morel, vice-président de la Société impériale d'horticulture de France. In-8° de 200 pages. — Paris.        5 »

**Osier** (*Traité de la culture de l'*) et de son usage, par Moitrier.
1 vol. in-8° avec 4 planches. Paris.        2 »

**Pêcher** (*Le*) **en Belgique** *à forme triangulaire et à tige
centrale, greffé en écusson à œil dormant sur un bois sauva-
geon qui permet de faire obéir, sans soins incessants, le
pêcher à la taille* par Edm. Amsis. In-8° avec 33 figures.  1 75

**Pélargoniums** (*Traité complet de la culture des*), des **Cal-
céolaires**, des **Verveines** et des **Cinéraires**, genres dont
les espèces peuvent aisément se cultiver dans la même serre,
par Chauvière et Lemaire. In-12 de 150 pages.—Paris. 2 50

**Pépinières royales de Vilvorde** (*lez-Bruxelles*). (Catalogue,
pour l'année courante.) In-8°. — Bruxelles.        1 »

**Pensée** (*Culture de la*), par de Ponsort. 1 v. in-12 de 108 p.
— Paris.        1 50

**Plantes, arbres et arbustes** (*Manuel général des*), contenant la description de la culture des 25.000 plantes indigènes
d'Europe ou cultivées dans les serres, par Du Chartel, Hérincq
et Jacques, ex-jardinier en chef du domaine de Neuilly. Les
tomes I, II et III sont en vente; le IVe et dernier est sous presse.
Prix de chaque volume, format petit in-8° à 2 colonnes, caractères compactes. — Paris.        10 »

**Plantes bulbeuses** (*Culture générale des*), *Oignons à
fleurs, Iridacées, Amaryllidées, Liliacées*, etc., par Lemaire.
In-12 de 392 pages. — Paris.        1 25

**Plantes fourragères,** par Gustave Heuzé, professeur d'a-
griculture à l'école impériale de Grignon. In-8° de 478 pages,
orné de 20 planches coloriées et 38 vignettes. Paris.        9 »

**Plantes oléagineuses** (*Culture des*). Voy. Bibl. rur., pag. 5.

**Plantes racines** (*Culture des*). Voy. Bibliothèque rurale, p. 6.

**Plantes utiles** (*Répertoire des*) **et des plantes vénéneuses
du globe**, contenant la synonymie latine et française des
plantes, leurs noms vulgaires français et l'indication de leurs
usages en médecine humaine, en médecine vétérinaire, en économie domestique et rurale, et dans les arts ou l'industrie;
précédé d'un traité indispensable aux personnes qui veulent

herboriser et composer des herbiers, par E.-A. Duchesne, chevalier de la Légion d'Honneur, etc. 1 vol. gr. in-8° avec atlas. Bruxelles 1846.

Prix du volume. 6 »

Prix de l'atlas. 10 »

**Plantoir mécanique** (voir *Culture au plantoir mécanique.*)

**Pomone française** (*La*). *Traité de la culture et de la taille des Arbres fruitiers*, suivi d'un *Traité de Physiologie végétale*, par le comte Le Lieur. 3° édition. In-8° de 592 pages et 15 planches gravées. — Paris. 7 50

**Pommes de terre** (*Maladie des*), par Decaisne, membre de l'Académie des sciences, professeur de culture au Jardin des Plantes. In-8° de 136. — Paris. » 75

**Porcs** (*Traitement des*). Voyez *Bibliothèque rurale*, page 8.

**Règne animal** (*Le*), disposé en tableaux méthodiques, par A. Comte. Ouvrage adopté par le Conseil de l'instruction publique. Chacun des soixante-dix-huit ordres du règne animal se trouve représenté et décrit dans un ou plusieurs tableaux. La collection comprend quatre-vingt-onze tableaux, représentant environ *cinq mille figures* d'animaux. 114 »

Demi-reliure en 2 tomes, avec dos en maroquin. 25 »

Chaque tableau est vendu séparément. 1-25

**Reine-Marguerite** (*Histoire et culture de la*) et de ses variétés pyramidales, par Bossin. In-12 de 36 pages. » 75

**Sel en agriculture et en horticulture** (*Emploi du*), avec des conseils fondés sur l'expérience, par Cuthbert William Johnson. Troisième édition. — Bruxelles. 50

**Semailles à la volée** (*Pratique des*), par Pichat, directeur de l'École régionale de la Saulsaie. 2° édition, in-8° de 112 pages et 15 gravures. Paris. 2 »

**Semer clair!** (*Il faut*) ou *Moyen de remédier à la disette des céréales*, traduit librement de l'anglais de Davis, avec des annotations, par P.-A. de Thier. In-18. — Bruxelles. » 30

**Serres** (*Traité du chauffage des*), par Rafarin. In-8° de 76 pages et gravures. Paris. 3 50

**Terrains agricoles** (*De la connaissance des*), considérés au point de vue de leur nature et de leur valeur, par le comte

DE GASPARIN, ancien ministre de l'agriculture de France, etc.
1 vol. in-18 de 400 pages. — Bruxelles.        2 »

> Édition précédée du tableau officiel pour l'évaluation des immeubles dans toutes les communes de Belgique.

**Théâtre** (*Le*) **d'agriculture et ménage des champs**
D'OLIVIER DE SERRES, seigneur du Pradel.

> Édition de 1625, revue et augmentée par l'auteur.

**Topinambour**, culture, alcoolisation et panification. Voyez
*Bibliothèque rurale*, page 8.

**Vaches laitières** (*Choix des*). Voy. Bibliothèque rurale, p. 4.

**Vaches laitières** (*Études des caractères des*), par LODIEU.
1 vol. in-18. Paris.        2 »

**Vaches laitières** (*Traité des*), par F. GUÉNON. 1 vol. in-8°
avec planches. Bruxelles.        3 »

**Vigne** (*Culture de la*) *et Fabrication des vins*. V. *Bibl. rur.*, p. 5.

**Vignes**. (Voir *Ampélographie*)

**Voyage agricole en Belgique**, et dans plusieurs départements de la France, par M. CONRAD DE GOURCY. — Paris.
1849, 1 vol. in-8°.        3 50

**Voyage agricole en Belgique, en Hollande** et dans
plusieurs départements de la France (*Second*), par M. CONRAD
DE GOURCY. — Paris 1850, in-8°.        4 50

**Voyage agricole en France, en Allemagne, en Hon-
grie, en Bohême et en Belgique**, par le comte CONRAD
DE GOURCY. (*Extrait du Journal d'Agriculture pratique.*)
1 vol. in-18 de 428 pag. — Paris, 1855.        3 50

**Zoologie agricole** (*la*), par E. Blanchard. Cette publication
est destinée à faire connaître dans son ensemble, l'histoire des
animaux nuisibles à l'économie rurale et les meilleurs moyens
de s'en préserver, ainsi que l'histoire des animaux utiles. —
Les ravages exercés par les insectes sur les végétaux utilisés
seront représentés avec une entière exactitude dans un atlas
exécuté avec le même soin que les dessins d'un album. — La
*Zoologie agricole* est publiée par livraisons composées de
seize pages de texte et d'une planche très-bien coloriée, format in-4°, ou de deux planches et d'une plus petite quantité
de texte. 16 livraisons sont en vente. Prix de la livraison. 1-50

**Zootechnie.** — **Traité des maniements** *des épreuves, et des moyens de contention et de gouverne qu'on emploie sur les espèces domestiques chevaline, bovine, ovine et porcine,* suivi de *la coupe des animaux de boucherie en France et en Angleterre,* par le docteur BARDONNET DES MARTELS, cultivateur. 1 vol. de 464 pag. et 67 grav. — Paris.    4 50

**Zootechnie générale** (Voir *Bibliothèque rurale,* page 9.)

# SEUL DÉPOT EN BELGIQUE

## DES PUBLICATIONS SUIVANTES CONCERNANT L'ALGÉRIE.

**Les Annales de la Colonisation Algérienne,** *Bulletin mensuel de Colonisation française et étrangère,* publié sous la direction M. Hippolyte PEUT, paraissant régulièrement le 1ᵉʳ de chaque mois, par livraison de 4 à 6 feuilles d'impression, 64 à 96 pages de texte grand in-8°, édition de luxe, et formant tous les ans deux volumes d'au moins 384 pages chacun, contenant ensemble la matière de 5 à 6 volumes ordinaires du même format. Prix *franco* pour la Belgique.    fr. 18 »

Les *Annales de la Colonisation Algérienne* ont été fondées pour faire connaître l'Algérie, et pour hâter le développement de ses établissements du nord de l'Afrique, en appelant de leur côté le courant de l'émigration européenne, et en signalant les ressources de tous les genres et les nombreux éléments de richesse qu'ils offrent à l'emploi intelligent des bras et des capitaux.

Cette revue, dont la magnifique exposition de l'Algérie au Palais de l'Industrie, à Paris, a démontré l'extrême importance, à laquelle l'administration fait tous les communications intéressant l'opinion publique, et dont plusieurs circulaires ministérielles adressées aux préfets, aux sous-préfets et aux maires, recommandent vivement la propagation en France comme œuvre de haut intérêt général, ne s'occupe pas seulement de l'Algérie, mais, ainsi que son titre l'indique, elle tient encore ses lecteurs au courant de tout ce qui se fait d'important en matière de colonisation dans le monde entier.

Rédigée par les hommes les plus compétents, puisant aux sources les plus sûres, ayant à sa disposition les documents les plus dignes de confiance, elle forme, dès aujourd'hui, l'histoire la plus complète et comme l'encyclopédie des progrès agricoles, industriels et commerciaux de l'Algérie, et renferme des détails et des renseignements que l'on chercherait vainement ailleurs.

N. B. — Il reste encore quelques collections complètes, à partir de janvier 1852, que l'on peut se procurer, au prix de 14 fr. l'année. Cette collection, qui s'enrichit chaque jour, offre, dès à présent, une très-grande valeur, ou pour mieux dire est indispensable à tous les hommes qui ont ou se proposent d'avoir des intérêts en Algérie.

**Le Centre algérien.** *journal de l'Afrique et de l'Orient,* paraissant à Paris tous les quinze jours. Prix : 6 fr. par an, et 8 francs *franco* pour la Belgique.

> Ce journal contient tous les renseignements et nouvelles des divers États de l'Afrique, et forme le lien et le complément de toutes les autres publications relatives à ces contrées. En ce qui concerne l'Afrique, il renferme tous les faits et avis pouvant intéresser le commerce, l'agriculture, la propriété. Il est adopté par l'administration pour l'insertion des annonces officielles, notamment des ventes d'immeubles domaniaux, etc.

**Les Archives algériennes,** Recueil de législation française et musulmane, de jurisprudence, de doctrine, d'histoire, etc., par MM. GARDÉ et JULES DUVAL ; paraissant par livraisons et à des époques irrégulières. 12 livraisons forment un beau volume in-8°.

Le tome 3 est en cours de publication. Prix : 9 fr. (dans lequel est compris le montant d'un abonnement au *Centre algérien*) et *franco pour la Belgique.*        fr. 12

Le tome 2 (année 1855), se vend séparément.        fr. 7

La réimpression du Bulletin officiel des actes du gouvernement de l'Algérie de 1830 à 1854, forme un volume in-8°, de 1,200 pages qui tient lieu de tome 1<sup>er</sup> des *Archives algériennes.* Prix :        fr. 12 50

**Tableau de l'Algérie.** Manuel descriptif et statistique de l'Algérie, contenant le tableau exact et complet de la colonie sous les rapports : géographique, agricole, commercial, industriel, maritime, historique, politique, etc., à l'usage des administrateurs, des commerçants, des colons et des voyageurs en Algérie, par M. JULES DUVAL, ancien magistrat, ancien administrateur de l'*Union agricole du Sig,* membre de la Société orientale, de la Société des lettres, sciences et arts de l'Aveyron. — Un fort volume de 485 pages, accompagné d'une carte de l'Algérie.        fr. 2 50

**Catalogue explicatif et raisonné des produits Algériens,** Guide pour l'Exposition permanente de l'Algérie (rue de Grenelle St-Germain, 107, à Paris) et pour l'Exposition universelle de Paris de 1855. 1 vol. in-8° compact de 208 pages.                                        fr. 1 50

> Ce catalogue a été rédigé d'après les documents officiels par M. Jules Duval, et publié par le Ministère de la Guerre (France). Il contient un traité statistique et historique de tous les produits algériens.

**Carte topographique de la colonisation de l'Algérie,** dressée par Jules Duval, dessinée et gravée par Delamare. Une feuille (0,36—0,55).

*Prix en feuille :*                                        fr. 1 »

> Cette carte est la seule qui présente tous les centres de population européenne, ainsi que le relief topographique du pays, dégagés de cette multitude de noms arabes qui ne conviennent qu'aux cartes de grande dimension. A son aspect, on reconnait d'un coup-d'œil l'étendue et les lacunes de la colonisation.

**Almanach de l'Algérie** pour 1857. Guide du colon. Publié d'après les documents fournis par le ministère de la guerre.— Un volume in-32 de 190 pages.                                        » 50

> Annuaire administratif. — Colonisation. — Recherches hydroscopiques.— Agriculture. — Commerce. — Hygiène. — Variétés. — Renseignements sur les demandes de concessions, les ventes de terres. — Service de bateaux à vapeur, etc.

# AVIS.

Les personnes qui auraient des travaux sur l'agriculture à faire imprimer, ou qui désireraient trouver le placement de publications agricoles, obtiendront, en s'adressant à *la librairie agricole d'Émile Tarlier,* des conditions très-avantageuses.

BRUXELLES. — TYP. DE J. VANBUGGENHOUDT,
Rue de Schaerbeek, 12